园林行业职业技能培训系列教材

育 苗 工

U0265993

李成忠　主编

中国建筑工业出版社

图书在版编目（CIP）数据

育苗工／李成忠主编．—北京：中国建筑工业出版社，2021.12
园林行业职业技能培训系列教材
ISBN 978–7–112–26307–3

Ⅰ．①育…　Ⅱ．①李…　Ⅲ．①园林—绿化—技术培训—教材　Ⅳ．①S73

中国版本图书馆 CIP 数据核字（2021）第 142334 号

本教材依据中华人民共和国住房和城乡建设部发布的《园林行业职业技能标准》CJJ/T 237—2016 之《育苗工职业技能标准》编写。本教材分为植物生物学及土壤肥料基本知识、育苗基础知识、植物保护知识、园林苗圃、园林植物识别技术、园林植物育苗技术、苗圃出圃、安全知识等内容，从实践出发，全面而系统地讲述了知识的要点。书稿中的案例经典，图文并茂，深入浅出，易于读者理解和掌握。

责任编辑：张　健　杜　洁　张伯熙　杨　杰
责任校对：赵　颖

园林行业职业技能培训系列教材
育　苗　工
李成忠　主编
*
中国建筑工业出版社出版、发行（北京海淀三里河路9号）
各地新华书店、建筑书店经销
北京建筑工业印刷厂制版
北京凌奇印刷有限责任公司印刷
*
开本：787毫米×1092毫米　1/16　印张：8　字数：193千字
2022年7月第一版　2022年7月第一次印刷
定价：28.00元
ISBN 978-7-112-26307-3
（37916）

园林行业职业技能培训系列教材

丛书编委会

主　　编：黄志良

副 主 编：卜福民　章志红　汤　坚　陈绍彬

　　　　　孙天舒　李成忠　李晓光

本书编写委员会

主　　编: 李成忠

副主编: 孙　燕　周　霞

编　　委:（以姓氏笔画为序）

孙　燕　李成忠　吴　俊　周　霞

赵宝元　徐凤杰　栾　玲　董灿兴

审　　校: 丁彦芬

前　言

　　《育苗工》是中国建筑工业出版社组织编写的园林行业职业技能培训系列教材之一，主要内容以园林植物的基础知识及园林植物育苗技术为主，是适用于园林、园艺等专业技术技能型人才培养需要的行业通用能力的核心课程，充分体现了职业岗位需求。同时，利用现代信息技术进行知识与技能的拓展训练，体现了职业教育教材的科学性、职业性、先进性，为学生从事园林绿化、园林苗圃生产与经营、花木生产等工作奠定基础，同时让学生养成细心观察、独立思考的习惯，善于辨别的思维方式以及吃苦耐劳的精神，最终促进良好职业素养的形成。

　　本书共有8章，内容包括：第1章植物生物学及土壤肥料基本知识；第2章育苗基础知识；第3章植物保护知识；第4章园林苗圃；第5章园林植物识别技术；第6章园林植物育苗技术；第7章苗圃出圃；第8章安全知识。

　　本书在编写过程中得到了江苏农牧科技职业学院园林园艺学院、江苏古棠建设工程有限公司、泰州青禾农业科技有限公司、匠城生态农林江苏有限公司等各位专家老师的支持与参与，我们希望并相信，通过《育苗工》的出版发行，能为园林行业职业技术技能人才队伍的发展壮大贡献力量，也期望能为园林行业职业技能培训积累一些可供借鉴的经验。

　　由于本书编写时间有限，各章节内容存在不足或错漏，恳请读者批评指正。

目　　录

第1章　植物生物学及土壤肥料基本知识

1.1　植物体的结构、生长发育和功能

植物从种子萌发开始，经幼年、性成熟开花、结果、衰老直至死亡的全过程，是按照物种特有的规律，有顺序地由营养体向生殖体转变，这就是植物的生命周期。通常把植物生命周期中器官的形态、结构形成的过程称为形态发生或形态建成。伴随着形态建成，植物体发生着生长、分化和发育等变化。植物通过光合作用同化周围的物质，通过细胞的分裂、伸长和扩大而使得植物的体积和重量不断增加，称为"生长"。而分化是指细胞在结构、机能和生理生化性质方面发生的质的变化，例如，从受精卵分裂转变成胚，从生长点转变成叶原基、花原基等都是分化。在生命周期中，植物的组织器官或整体在形态、结构机能上有序变化的过程被称为发育。发育是生长和分化的总和，是植物生长分化的动态过程。例如，叶原基形成叶片，叶片从小到大，长成一个成熟的叶片，是叶的发育；根原基长成根，分化出侧根，成为完整的根系，是根的发育；茎尖的分生组织形成花原基，由花原基转变成花蕾，以及花蕾长大开花，是花的发育；而受精的子房膨大，果实的形成与成熟则是果实的发育。在植物的一生中，其形态、结构和机能通过细胞、组织、器官分化而发生的质变过程也被称为"发育"。生长是质的增加，发育是量的变化。

1.1.1　植物的细胞与组织

植物是由许多大小、形态各异的细胞组成的，不同的细胞在植物中具有特殊的功能和作用，植物的生命活动也是通过各种细胞的生命活动实现的。

单细胞植物是由一个细胞构成一个个体，一切生命活动（如生长、发育、繁殖等）都由一个细胞完成。多细胞植物，尤其是高等植物，其个体是由许多大小、形态各不相同的细胞组成，如植物的生长发育等复杂的生命活动都是以细胞为基础，通过细胞分裂、细胞体积增大和细胞分化来实现的。这些不同类型的细胞相互联系、相互配合、协调一致，体现着植物的整体性。同时不同类型的细胞又相互独立，各有特性，这种独立性和整体性的矛盾，是多细胞植物体的主要特征之一。

普通的植物细胞都是很微小的，形状也多种多样。细胞的遗传性、生理功能和对环境条件的适应性是影响细胞的形状和大小的主要因素。伴随着植物的生长、发育和细胞的分化，细胞的形态、大小也将发生相应的变化。

细胞分化的结果直接导致了植物组织的形成。植物进化程度越高，其体内各种生理分工就越精细，组织分化越明显，内部结构就越复杂。植物各个器官——根、茎、叶、花、果实和种子等，都是由某几种组织构成的，其中每一种组织具有一定的分布规律，并行使一种主要的生理功能，而这些组织的功能相互依赖、相互配合。例如，叶是植物进行光合作用的器官，其中主要分化为大量同化组织进行光合作用，在它的周围覆盖着保护

组织，以防止同化组织中水分过度丢失和机械损伤；此外，输导组织贯穿于同化组织，保证水分供应并把同化产物运输出去。这样，三种组织相互配合，保证叶的光合作用正常进行。由此可见，组成器官的不同组织在整体的条件下分工合作，共同保证器官功能的完善。

1.1.2　植物的营养器官和生长发育

高等植物的营养器官由根、茎、叶组成。为了适应环境以获得足够的水分和营养，植物只有通过茎枝的伸长和分枝、叶片的扩展以及发达根系的形成来增加吸收营养和捕捉光能的表面积。从种子萌发到幼苗形成，植物便进入营养生长的旺盛期。在生产上，无论是以营养器官为收获物，还是以繁殖器官为收获物，营养生长的好坏对产量都是至关重要的。为此，必须了解植物营养生长的特点，以便能更好地控制植物营养生长，为丰产创造条件。植物器官见图 1-1-1。

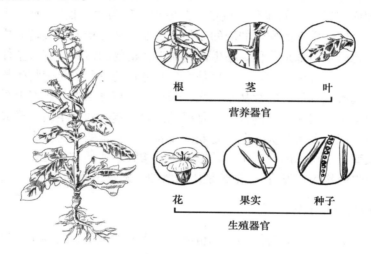

根　　茎　　叶

营养器官

花　　果实　　种子

生殖器官

图 1-1-1　植物器官

（1）根的生长

1）根的主要生理功能

根是植物体生长在土壤中的营养器官，没有节和节间的区分，具有向地性、向湿性和背光性。根主要有吸收、输导、固着、支持、贮藏及繁殖等功能。根系吸收植物生长发育需要的水分、无机养分和少量的有机营养，合成生长调节物质。根系能贮藏部分养分，并将无机养分合成为有机物质。根系还能把土壤中的 CO_2 和碳酸盐与叶片光合作用的产物结合，形成各种有机酸。根系在代谢中产生的酸性物质，能够溶解土壤中的养分，使其转变为易于溶解的化合物被植物吸收利用。根的顶端生长也具有一定的顶端生长优势，可以控制侧根的形成。一旦去掉根尖，可以从生长区域分化出更多的根。

2）根系的垂直分布

根系在土壤中的分布因植物种类不同而不同，一般分为深根系和浅根系两类。

3）根系的趋性

① 趋肥性。植物根系生长有趋肥性，即根系生长多偏向肥料集中的地方，耕层根系

分布较多与趋肥特性有关。施磷肥有促进根系生长的作用，适当增施钾肥有利于根中干物质积累。

②向水性。植物根系生长有向水性，一般旱地植物根系入土较深；湿地或水中生长的植物，根系入土较浅。土壤肥水状况对苗期根系生长影响极大，人工控制苗期肥水供应，对定植成活和植物后期健壮生长发育具有重要作用。

③向氧性和趋温性。植物根系生长有向氧性、趋温性。土壤透气状况是根系生长的必要条件。土壤中 CO_2 浓度低时，对根系生长有利，CO_2 浓度高时，对根系生长有害。疏松的土壤透气良好，CO_2 浓度低，地温适宜，所以根系生长良好。

（2）茎的生长

1）茎的主要生理功能

茎是植物体的营养器官，是绝大多数植物体地上部分的躯干。其上有芽、节和节间，并着生叶、花、果实和种子，具有背地性，有输导、支持、贮藏和繁殖的功能。茎是由芽发育而来的，一个植物体最初的茎是由种子胚芽发育而成的。主茎是地上部分的躯干，茎上的分枝是由腋芽发育而成（图 1-1-2）。

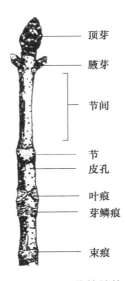

顶芽
腋芽
节间
节
皮孔
叶痕
芽鳞痕
束痕

图 1-1-2　茎的结构

茎的顶端生长是高等植物一切营养器官和生殖器官的发源地。营养体向生殖体的转变是在这里进行的，叶在茎上的排列顺序、花序的形状都是在生长锥中形成器官原基时就已经确定的。植株地上部分各生长区的分生组织都是由这里衍生出来的。茎的顶端生长，在进入穗或花分化之前，可以维持无限的生长，它在植株上占有最大优势，随时控制与调节着其他生长区的生长。

2）地上茎和地下茎

植物茎有地上地下之分。地下茎是茎的变态，在长期历史发展过程中，由于适应环境的变化，形态构造和生理功能上产生了许多变化。常见的变态有根茎、块茎、球茎、鳞茎等。地下茎主要具有贮藏、繁殖的功能。了解地下茎生长发育特点，便于改进栽培措施，促进生长发育，这对扩大繁殖、提高产量，具有重要意义。地上茎的变态也很多，如叶状茎或叶状枝、刺状茎、茎卷须，以及大蒜、卷丹等植物的珠芽。植物茎的生长，从其生长习性看，有直立生长、缠绕生长、攀援生长和匍匐生长，植物生长习性是确定某些栽培管理措施的依据。

3）茎的分枝

茎的分枝是由腋芽发育而成的，因此，每种植物都有一定的分枝方式。植物的分枝方式有单轴分枝和合轴分枝两种。单轴分枝又叫总状分枝，即主茎从出苗起不断生长，始终占据优势，最终形成一个直立的主轴。例如以茎皮、树干为收获目的的植物，在栽培时，注意保持顶端生长优势，是培植优质产品的重要措施之一。合轴分枝的特点是顶芽活动到一定时间后死亡，或是分化为花芽，由靠近顶芽的腋芽迅速发育成新枝，代替主茎，生长不久后，新枝的顶芽又同样停止生长，再由侧边腋芽代替生长。禾本科地下茎节可以产生分蘖。部分植物的块茎、球茎上可以产生新的小块茎、小球茎，是良好的繁殖材料。植物的分枝方式见图1-1-3。

图1-1-3 植物的分枝方式

（由左向右分别是：单轴分枝、合轴分枝、假二叉分枝）

植物分枝的发生是有一定顺序的，从主茎上发生的分枝为第一级分枝，从第一级分枝上产生的分枝为第二级分枝。由于田间栽培时，有些第二级分枝对产量无价值，反而消耗了植物体的营养。因此，从事生产时，必须掌握好播种密度，或通过植株调整技术（摘心、打杈、修剪等）控制无效分枝，使田间有合理的密度，植物有良好的株型。

茎的健壮生长是确保植物正常生长发育、获得高产的基础。栽培植物生长的好坏，不能只看高度这一项指标。一般土壤肥力过高或肥料比例失调、种植密度过大、光照不足、培土过浅、多雨或刮风等都会引起植物倒伏。植物倒伏后，地上植株不能正常伸展生长，枝、叶间相互遮挡，光合积累受到严重影响；轻者减收，重者植物体死亡，使生产濒临绝收境地。

（3）叶的生长

1）叶的主要生理功能及其形态变化

叶是植物重要的营养器官，一般为绿色的扁平体，具有向光性。植物的叶有规律地生于茎（枝）上，担负着光合作用、气体交换和蒸腾作用。光合作用是极其复杂的生理生化过程，概括地说，是植物体中的叶绿体利用太阳光能，把吸收来的二氧化碳和水合成为碳水化合物，并释放出氧气的过程。光合作用所产生的葡萄糖是植物生长发育所必需的有机物质，也是植物进一步合成淀粉、蛋白质、纤维素和其他有机物的重要原料。一句话，植物的机体及其内含物，无一不是光合作用的直接或间接的产物。因此，叶的生长发育程度和叶的总面积大小，对植物生长发育和产量影响极大。气体交换和蒸腾作用是通过植物叶表面的很多气孔进行的。叶是植物蒸腾作用的重要器官，根部吸收的水分，绝大部分以水汽形式从叶面扩散到体外，调节植物体内温度变化，促进植物对水和无机盐的吸收。有些植物的叶除上述主要功能外，还有贮藏作用，如贝母、百合、洋葱的肉质鳞片叶，还有少数植物的叶有繁殖作用，如落地生根、秋海棠等。

2）叶的分化与生长

叶的形成是从生长锥细胞的分化开始，先分化形成叶原基；叶原基进一步分化形成雏叶；条件适宜时，雏叶便长成幼叶。雏叶叶片各部位通常是平均生长的，植物叶片生长的大小取决于植物的种类和品种，同时也受温、光、水、肥等外界条件的影响。通常情况下，气温偏高时，叶片长度生长快；气温偏低时，叶片宽度、厚度生长快，适当增施氮肥能促进叶面积增大。生育前期适当增施磷肥，也有促进叶面积增大的作用；生育后期施磷肥，会加速叶片的老化；钾肥有延缓叶片衰老的作用。叶的组成见图 1-1-4。

叶片
叶柄
腋芽
托叶

图 1-1-4 叶的组成

（4）花的功能

花是种子植物特有的繁殖器官，通过传粉、受精作用，产生果实和种子，使物种或品种得以延续。开花是种子植物特有的特征。花的形态构造随植物种类而异，就同一物种来说，花的形态构造特征比其他器官稳定，变异较小。植物在进化中会发生变化，这种变化也往往反映到花的构造方面。因此，掌握花的特征对研究植物分类、植物的鉴别等均具有重要意义。

1）花的分化发育

典型被子植物的花一般由花梗、花托、花萼、花冠、雄蕊群和雌蕊群等组成，其中雄蕊和雌蕊是花中最重要的生殖部分，花萼、花冠（合称花被）有保护花和引诱昆虫传粉的作用。花是由花芽发育而成的。花也是一种适应繁殖的、节间极度缩短的、没有顶芽和腋芽的枝条。双子叶植物花芽分化发育过程大致分为花萼形成，花冠和雄、雌蕊形成，花粉母细胞和胚囊母细胞形成，胚囊母细胞和花粉母细胞减数分裂形成四分体，胚囊和花粉成熟等阶段。花的组成见图 1-1-5。

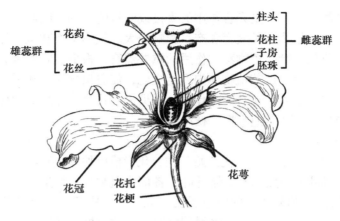

图1-1-5　花的组成

2）开花和传粉

植物种类不同，开花的龄期、开花的季节、花期的长短都不完全相同。一二年生草本植物一生中只开一次花；多年生植物（不论草本、木本）生长到一定时期才能开花；少数植物开花后死亡，多数植物一旦开花，以后可以年年开花，直到枯萎死亡为止。进入开花年龄的多年生植物，由于条件不适宜，有时也不开花。多年生植物中，竹类一生只开一次花。具有分枝习性的植物通常主茎先开花，然后第一、第二级分枝渐次开放。同一花序上的小花开放的顺序也因植物而异，有些植物小花由下向上逐渐开放，有的由外向内开放，有的上部小花先开，然后渐次向下开放。植物的花开放后，花粉粒成熟，通过自花传粉或异花传粉方式，将花粉传到雌蕊柱头上。

（5）果实和种子的生长发育

果实是由受精后的子房或连同花的其他部分发育而成，内含种子。种子是由胚珠受精后发育而成的。多数植物的果实和种子的生长，时间较短，速度较快，此时营养不足或环境条件不适宜，都会影响其正常生长和发育。靠种子繁殖的植物必须保证采种果实和种子的正常发育。应当指出：许多植物种子的生长和发育要求的条件复杂，在年生育期内自然气候条件很难满足多变的要求，或因种子含有发芽抑制物质。所以，种子自然成熟时其胚尚未生长发育成熟，即种子有后熟特性，生产中应给予重视。

1.1.3　植物生育进程和生长相关性

（1）"S"形生长进程

植物的生长并非均一的。植物（无论是细胞、组织、器官、全株、群体）一生的生长过程，其生长速度是不均衡的。植物的整株或器官在整个生长过程中，其生长速率都表现出"慢—快—慢"的基本规律，开始时生长慢，以后逐渐加快，到达最高点后，生长又减慢甚至停止，这种生长规律，称为生长大周期，如果用坐标系表示，则呈"S"形曲线。植物器官出现生长大周期的原因，可从细胞的生长情况来分析。器官生长过程中，初期以细胞分裂为主，细胞分裂是以原生质体量的增多为基础的，而原生质体的合成过程较慢，所以器官体积加大较慢；细胞转入伸长生长时期后，由于水分迅速进入，细胞的体积和质量显著增加，器官的生长速率也达到了最快。到后期细胞以分化成熟为主，体积增加不多，所以器官亦表现出生长逐渐缓慢，最后停止。植物叶片或果实等器官也都具有生长大周期的特性。

在植物整株生长过程中，也有生长大周期。初期生长缓慢，是因为植株幼小，合成的物质少，以后因产生大量绿叶，进行光合作用，制造大量有机物质，干重急剧增加，生长加快。以后生长缓慢，是因为植物衰老，光合速率减慢，有机物质合成量少，植物干重的增加速率即减慢，同时，还有呼吸的消耗，最后干重不会增加，甚至减少。

了解植物或器官的生长大周期，具有重要实践意义。由于植物生长是不可逆的，促进植株或器官生长，就必须在植株或器官生长最快的时期到来之前，及时地采取农业措施，加以促进或抑制，以控制植株或器官的生长量。如果生长大周期已经结束才采取措施，往往收效甚微或不起作用。例如，在果树或茶树育苗时，要使苗生长健壮，就必须在果苗生长前期，加强水肥管理，使其形成大量枝叶，这样就能积累大量的光合产物，使树苗生长良好，如果在树苗生长后期才加强水肥管理，不仅效果不好，而且会使生长期延长，枝条幼嫩，树苗抗寒力弱，易受冻害。

（2）植物生长的相关性

植物的细胞、组织、器官之间，有密切的协调，又有明确的分工；有相互促进，又有彼此抑制，这种现象被称为生长相关性。农业生产上常说"根深叶茂，本固枝荣""育苗先育根"和"哪边树叶旺，哪边根就壮"等谚语，这是什么道理呢？植物的地上部分与地下部分虽然处在不同的环境中，但两者之间通过体内的维管束紧密联系，进行着物质、能量与信息的交换。地上部分的生长，需要地下部分的根系提供水分、矿物质及根中合成的植物激素（如细胞分裂素 CTK、赤霉素 GA 和脱落酸 ABA 等）、氨基酸等。而地下部分的生长则靠地上部分的茎、叶提供光合产物、生长素和维生素等。通过这些物质的相互交流，使根、茎、叶分别获得了自己生长所必需的物质，因而能正常生长。生产上常采取施肥、灌排、控制密度和修剪等技术措施，正确处理与调整各部分间生长的相关性。

1）地上部分与地下部分生长的相关性

植物地上部分与地下部分存在密切的关系。正常生长发育需要的根系与树冠，经常保持一定的比例（即根冠比），这个比值可以反映出植物生长状况。根冠比是指植物地下部分与地上部分重量之比（根干重或鲜重／茎、叶干重或鲜重），它是植物生长健壮状况的一个重要指标。

不同物种有不同的根冠比，同一物种在不同的生长发育时期根冠比也有变化。一般草本植物，苗期根冠比大于 1，中期等于 1，发育后期小于 1。但甘蓝、甜菜和胡萝卜等以收获地下变态根为主的农作物，到发育后期，因大量有机养料被输送到贮藏根中，根冠比反而增高，收获期的根冠比可达到 2 以上。多年生植物的根冠比还有明显的季节变化，如观赏树木的根与茎、叶就有交替生长的特性。

根冠比的大小，常受多种外界因素的影响，调节根冠比可以从以下几个方面考虑：

① 土壤水分。土壤有效水的供应量直接影响枝叶的生长。土壤水分充足时，能促进地上部生长，消耗有机养料多而向地下部分输送的养料少，必然削弱根系生长。另外，土壤水分多，易导致土壤通气不良，根系生长不好，因此，水多时根冠比变小。干旱时，由于根系生长在土壤中，水分状况好于地上部，生长正常或受阻较小；地上部分因缺水生长受阻，光合产物向根输出相对较多，促进了根系生长，因此，根冠比变大。生产中玉米苗

期控水"蹲苗"，水稻苗期适当落干"烤田"的目的，都是通过控制水分起到促根壮苗的作用。

② 矿质营养。矿质营养中以氮（N）、磷（P）对根冠比影响最大。供氮充足，蛋白质合成旺盛，有利于枝叶生长，根冠比变小；供氮不足，明显抑制地上部生长，而根系受抑制程度小，根冠比变大。根分枝多，分生组织细胞分裂时，核酸迅速增加，需磷较多，另外，磷也有利于有机物质的运输，使根得到的糖类多。所以多施磷肥有利于根冠比变大，磷供应不足时根冠比变小。

③ 光照。弱光或田间郁蔽、相互遮阴，会导致作物的节间伸长，地上部生长量大，而地下部得到的有机养料少，根冠比变小；强光对植物的生长有抑制作用，使作物地上部矮壮，而地下部得到的养料多，根冠比变大。

④ 温度。通常植物根部活动与生长的最适温度略低于植物地上部分，故在气温低的秋末至早春，不利于冠部生长，根冠比变大；但当气温高时，利于地上部分生长，使根冠比变小。

⑤ 修剪或深锄等农业措施。苗木修剪与整枝是调节树体根冠比、改善营养状况的主要措施。剪去部分枝叶和芽后，先使根冠比变大，而后降低根冠比。这是因为修剪和整枝刺激了侧芽和侧枝的生长，使大部分光合产物或贮藏物用于新梢生长，削弱了对根系的供应。另一方面，因地上部分减少，留下的叶与芽从根系得到的水分和矿质（特别是氮素）相应地增加，因此地上部分生长要优于地下部分的生长。在作物栽培实践中，中耕与移栽对植株的根冠比也会产生显著影响。中耕可使部分根系受损，使根冠比变小，并暂时抑制了地上部分的生长。但由于根系受损后地上部分对根系的供应正常进行，加之中耕后土壤通气良好，这就为根系生长创造了良好的条件，促进了侧根与新根的生长，因此其后效应是根冠比变大。

⑥ 植物生长物质。给植物喷施 CTK、GA 和 NAA 等生长物质，可促进茎、叶生长，使根冠比变小；喷施矮壮素、多效唑等生长延缓剂后，可有效地控制地上部生长，使根冠比变大。

2）营养生长与生殖生长的相关性

在种子植物的生活周期中，营养生长和生殖生长是两个不同的阶段，但是两者不能截然分开。例如多年生木本植物从种子萌发或嫁接成活到花芽分化之前为营养生长期，此后即进入营养生长和生殖生长并进阶段，而且可持续很多年。营养生长是生殖生长的基础，生殖生长是营养生长的必然结果。花芽必须在一定营养生长的基础上才分化。生殖器官生长所需要的养料，大部分是由营养器官供应的，营养器官生长不好，生殖器官的发育就差。营养生长和生殖生长基本是统一的。营养生长和生殖生长同样存在着相互依赖和相互制约的关系。一方面，生殖生长必须依赖良好的营养生长，但生殖生长也可以在一定程度上促进营养生长；另一方面，营养生长和生殖生长会因为对营养物质的争夺而相互抑制。营养生长与生殖生长两者难以分开，一般植物在生育中期，在一个相当长的时期内，营养生长尚在继续，而生殖生长与之相并进行。此期间植物的光合产物既要供给生长中的营养器官，又要输送给发育中的生殖器官。由于花和幼果此时常成为植物体营养分配中心，将营养优先供给花与果，这样势必影响营养器官的生长，特别是以根、根茎入药的植物，花果多，花果期长，就会影响药材的产量和品质。当肥水供应过多时，营养生长过旺，养料消耗多，会推迟向生殖生长的转化或导致落花落果。生殖器官出现后，体内养分主要被运往生殖器官，会对营养器官的生长产生抑制作用，并加速营养器官的衰老或死亡。果树生产上出现的大小年现象，是营养生长和生殖生长关系的典型例子。当大年时，果树结实过多，养料被大量消耗于果实上，削弱了当年枝叶的生长，使枝条中贮备的养料不足，降低7～8月间的花芽分化率，致使第二年花、果减少，坐果率低，造成产量上的小年。小年间，由于花、果少，使树体积累养料多，促使结果母枝数量增加，花芽多而饱满，翌年又形成大年。这样周而复始，使果树产量不稳定。

又如花卉枝叶徒长，往往不能正常开花、结实，甚至造成严重的落花落果。竹子的营养生长虽可维持几十年，但一旦开花，往往因旺盛的结实，造成全片竹林枯萎死亡。这些都是营养生长与生殖生长不协调的典型表现。在生产上，适当供应水、肥，合理修剪或适当疏花、疏果能减少以上现象的发生。

因此生产上，可根据所收获的部位是营养器官还是生殖器官，结合营养生长与生殖生长的相关性制定相应的生产措施。若以收获营养器官为主，则应增施氮肥促进营养器官的生长，抑制生殖器官的生长；若以收获生殖器官为主，则在前期应促进营养器官的生长，为生殖器官的生长打下良好的基础，后期则应注意增施磷、钾肥，以促进生殖器官的生长。

3）顶端优势（主茎与侧枝、主根与侧根的相关性）

顶端优势是指植物主茎的顶芽生长快，抑制腋芽或侧芽生长，主茎生长占优势的现象。顶端优势现象在植物界普遍存在，但不同植物的表现不同，有些植物的顶端优势非常明显，如树木中的雪松、龙柏和各种杉树等。草本植物中的向日葵、烟草等顶端优势都很强，去掉顶端优势，能促进侧枝的迅速生长。一些木本植物如柑橘、枇杷等，幼龄阶段顶端优势明显，但树冠形成后，顶端优势弱，侧枝向外伸展，树冠变为圆形。一般单轴分枝的植物顶端优势强，合轴分枝的植物顶端优势弱。植物根系的生长也表现出顶端优势。双子叶植物的直根系顶端优势明显，若截断主根，则促进侧根大量形成。但单子叶植物的须根系则基本上不存在顶端优势。顶端优势现象与内源激素和营养物质的供应有关。

正在生长的顶芽对位于其下的腋芽常有抑制作用，只有靠近顶芽下方的少数腋芽可以抽生成枝，其余腋芽则处于休眠状态。但在顶芽受损或被摘除后，腋芽可以萌发成枝，快速生长。主根对侧根的生长也具有同样现象。由于顶端优势的存在使三尖杉等针叶类植物的树冠常呈塔形。育苗移栽时对枝条及根进行修剪，目的在于调整根或茎生长的相关性，以达到特定的生产目的。在农林生产中，根据不同的生产目的，有时需要利用和保持顶端优势。如用材树木，需经常修剪萌发的侧枝，使主干强壮、挺直；对烟草、向日葵和麻类等也要不断去掉腋芽，以保持顶端生长。有时则需要打破顶端优势，促进侧枝萌发。如对果树、园林观赏树木的整形修剪，促其形成理想的树冠；将棉花打顶，瓜类摘蔓，可调节营养生长，合理分配营养；将花卉打顶去蕾，可控制花的数量和大小；对绿篱修剪可促进侧芽生长，形成密集灌木丛；将茶树人为地弯下主枝，可促进更多茶树侧枝萌发；苗木移栽时的伤根和断根，可促进侧根生长；中耕除草松土，挖断了侧根，去掉了侧根的顶端优势，利于侧根上再分化侧根，形成庞大的根系。

4）植物的运动

高等植物整体是不移动的，但可在细胞或器官水平上运动，改变发生位置和方向，避开不利环境，充分利用有利条件生存。植物的这种发生位置和方向的改变过程，可称为植物的运动。植物的运动按其与外界刺激的关系可分为向性运动和感性运动，按其运动的机制可分为生长运动和膨胀运动。向性运动是指植物器官因环境因素的单方向刺激所引起的定向运动。按照刺激的因素不同，可将向性运动分为向光性、向重力性、向水性和向化性等。将对着刺激方向的运动称为正运动，背着刺激方向的运动称为负运动。所有的向性运动都是生长运动，都是由于器官不均等生长所引起的。

① 向光性。植物器官因受单向光照射而引起生长弯曲的现象称为向光性。如向日葵、棉花、花生和大豆等植物，顶端能随着日光转动；高大乔木树冠下生长的小乔木或灌木，其树冠朝着能见到太阳的一方倾斜；某些在室内生长的植物，叶片朝向阳光照射的窗口；阳台上栽培的苏铁长期不搬动，则整个茎叶向光源弯曲。植物各部分的向光性表现不同，茎、叶向光生长称为正向光性；植物的根是背光生长的，称为负向光性；器官生长方向保持与光照方向垂直，称为横向光性，如叶片通过叶柄的扭转使其处于接受适合光线的位置。向光性对植物很有利，因为茎、叶向光源生长可以使其充分接受阳光，更好地进行光合作用，制造有机物。

② 向重力性。植物感受重力的刺激，在重力方向上发生生长反应的现象，称为向重力性。生长在地球上的植物，总是受到地心引力的影响，无论将萌发的种子放在什么位置，植物的根系总是顺着重力方向生长，这是正向重力性；茎朝上生长，这是负向重力性。植物根的正向重力性，使根系能深入土壤，从土壤中吸收水分和无机盐，并使植物固定在土壤中。重力感受的部位仅限于根冠、茎端的幼嫩部位和禾本科植物的节间等。禾本科植物倒伏后能再直立起来，这是因为茎秆有负向重力性的缘故，可以降低因倒伏而引起的减产。植物向重力性生长的生长素学说认为，对重力敏感的器官内 IAA 不对称分布引起器官两侧差异生长。IAA 是植物的重力效应物，在平放的根、茎内，由于向地一侧 IAA 浓度过高而抑制根的下侧生长，以致根向地弯曲；促进茎的下侧生长，茎则向上弯曲。

③ 向水性及向化性。当土壤干燥且水分分布不均匀时，根总是趋向较潮湿的地方生长，这是向水性。根还朝着肥料较多的地方生长，这是向化性。由于根具有这些向性，所以能用水、肥等条件来影响根的生长。例如，蹲苗时，适当限制土壤水分的供应可使根系深扎，就是利用向水性的结果。

1.1.4　植物生长对土壤的要求

土壤是指陆地上能够生长植物的疏松表层。土壤之所以能生长植物，是因为土壤具有肥力，指土壤供给和协调植物生长发育所需要的水分、养分、空气、热量、扎根条件和无毒害物质的能力。水、肥、气、热是土壤的 4 大肥力因素，它们之间相互作用，共同决定着土壤肥力的高低。土壤肥力分为自然肥力、人工肥力、有效肥力和潜在肥力。土壤的组成物质是土壤肥力的基础，任何一种土壤都是由固体、液体和气体三相物质组成。固体部分包括矿质土粒、有机质和土壤微生物，一般占土壤总体积的 50%。土壤固相是土壤的主体，它是植物扎根立足的场所，它的组成、性质、颗粒大小和配合比率也是土壤性质的产生和变化的基础，直接影响着土壤肥力高低。

（1）植物对土壤总的要求

首先，有一个深厚的土层和耕层，整个土层最好深达 1m 以上，耕层在 25cm 以上，使肥、水、气、热等因素有一个储蓄的地下空间，使植物根系有适当伸展和活动的场所；

其次，耕层土壤松紧适宜，并相对稳定，保证水、肥、气、热等肥力因素能同时存在，并将它们源源不断供给植物吸收利用；再次，土壤质地砂黏适中，含有较多的有机质，具有良好的团粒结构或团聚体；最后，土壤的 pH 值适度，地下水位适宜，土壤中不含有过量的重金属和其他有毒物质。

土壤是植物生长发育的场所，研究土壤在生产中的变化，如何采用耕作措施调节其变化，使之符合植物生长发育要求，是种植业的重要生产环节之一。已经耕作的土壤，既是历史自然体，又是人类劳动的产物。在栽培过程中，太阳辐射，自然降水，风和温度等气候条件，经常对土壤发生影响，人类的农业生产活动对土壤的影响更起到决定性作用。通常情况下，栽培植物和杂草总是要从土壤中吸收大量水分和养料，根系深入土层会对土壤发生理化、生物等作用，病虫杂草不断感染耕层，人类的施肥、耕作、灌溉、排水等作业本身，既有调节，补充土壤中水、肥、气、热因素的作用，又有破坏表土结构，压实耕层的作用。所有这些影响都年复一年地演变着，纵观演变的结果，经过季或年生产活动之后，耕层土壤总是由松变紧，有机质减少，孔隙度越来越小。基于上述原因，在植物生产过程中，根据不同植物的特点，对当地气候、土壤的实际情况进行正确的土壤耕作，就成为必不可少的生产环节。

（2）土壤质地

1）我国土壤质地分类标准

任何一种土壤，都是由不同粒级的土粒，以不同的比例组合而成的。将土壤中各粒级的百分含量，称作土壤的机械组成，根据土壤不同机械组成所产生的特性，对土壤进行类别划分的结果叫土壤质地。因此质地是一类土壤的名称，其名称来源依据于土壤的机械组成。世界各国对土壤质地进行分类的标准不同，但大多将土壤质地分为砂土、壤土、黏土3 种类型。我国土壤质地分类标准见表 1-1-1。

我国土壤质地分类标准   表 1-1-1

土壤质地	土壤质地名称	颗粒组成（%）		
		砂粒 1～0.05mm	粗粉粒 0.05～0.01mm	黏粒 <0.001mm
砂土	粗砂土	＞70	—	—
	细砂土	60～70		
	面砂土	50～60		
壤土	砂粉土	＞20	＞40	＜30
	粉土	＜20		
	粉壤土	＞20	＜40	—
	黏壤土	＜20	—	＞30
	砂黏土	＞50	—	＞30
黏土	粉砂土	—	—	30～35
	壤黏土			35～40
	黏土			40

2）质地与土壤肥力

砂土类土壤蓄水力弱、养分含量少、保肥能力差、土温变化快，但通气性、透水性好，易耕作。由于砂质土壤含砂粒较多，颗粒间空隙比较大，虽然水分容易渗入，但是由于毛管作用比较弱，水分容易渗漏，也容易蒸发，所以蓄水力弱，抗旱能力差。砂质土本身所含养料比较贫乏，没有黏质土丰富，有的砂质土矿物主要成分是石英，养分就更少，另外一些砂质土其矿物成分是铝硅酸盐类或其他一些原生矿物，虽然养分贮备情况稍好，但养分的供应受风化作用的制约，难以满足植物对养分的需要——养分含量少。砂质土因为缺乏黏粒（无机胶体）和有机质（有机胶体），保蓄养分的能力差，施用的养分很容易随雨水的淋溶而流失掉——保肥性差。砂质土壤因含水量少，热容量较小，所以昼夜温差变化大，土温变化快，这对于某些植物生长不利，但有利于碳水化合物的累积，对块根、块茎植物生长有利。由于砂质土颗粒较大，空隙比较大，有利于水分和空气的流通，所以通气性、透水性较好，有利于好气性微生物的活动，有机质分解快，肥效猛而不稳。

　　黏土类土壤保水、保肥性好，养分含量丰富，土温比较稳定，但通气性、透水性差，耕作比较困难。由于黏质土壤含黏粒较多，颗粒细小，孔隙间毛管作用发达，能保存大量的水分，但是水分进入土壤时，渗入慢，但土壤保水力强，蓄水量大——保水性好。黏质土壤含黏粒较多，一方面黏粒本身所含养分丰富，另一方面黏粒的胶体特性突出，对阳离子有较强的吸附作用，使养分不易随雨水的淋溶而流失——保肥性好，养分丰富。黏质土壤由于蓄水量大，热容量也较大，所以昼夜温差变化小，土温变化慢，这有利于植物生长。黏质土壤由于土壤颗粒较细，颗粒间空隙小，所以通气性、透水性差，不利于好气性微生物的活动，有机质分解比较慢，有利于土壤有机质的累积，所以黏质土壤有机质的含量一般比砂质土壤高，肥效长而且稳。

　　壤土类土壤由于砂粒、粉粒、黏粒含量比例较适宜，因此兼有砂土类与黏土类土壤的优点，群众称之为"二合土"。

　　土壤质地对土壤肥力和性质有着重要的影响，但它不是决定土壤肥力的唯一因素，一种土壤在质地上的缺点，可以通过改良土壤结构和调节土壤颗粒组成而得到改善。

1.2　植物生理与营养

　　植物的生长发育需要各种营养元素，在正常条件下，植物完成生活史所必需的元素称为必需元素；对能促进植物生长的非必需元素，或是仅对某些植物或在某特定条件下必需的元素，称为有益元素。

1.2.1　植物的水分生理

　　在生长着的植物体中水含量最大，原生质含水量为 80%～90%，其中叶绿体和线粒体含水为 50% 左右，液泡中则含水 90% 以上。组织或器官的含水量随木质化程度增加而减少，含水量少的是成熟的种子，一般仅有 10%～14%，或更少。代谢旺盛的器官或组织含水量都很高。原生质只有在含水量足够高时，才能进行各种生理活动。各种生化反应都以水为介质或溶剂来进行。水是光合作用的基本原料之一，它参加各种水解反应和呼吸作用中的多种反应。植物的生长，通常靠吸水使细胞伸长或膨大。膨压降低，生长就减缓或停止。在植物生长过程中，一方面植物不断从环境中吸取水分满足需要；另一方面，植物体不可避免地会丢失大量水分中。植物从环境中吸收水分、水分在植物体内运输以及植物体向环境排出水分，就构成了植物水分代谢的 3 个主要过程。

水分通过植物表皮向大气扩散的过程称为蒸腾作用。根据扩散的通路又可分为气孔蒸腾、角质层蒸腾、皮孔蒸腾。其中气孔蒸腾在气孔开放时可占总蒸腾量的 80%～90%，但气孔的开张度随植株内外环境而变化。夜间或夏天中午炎热干旱时气孔关闭，阻力增加，蒸腾速率很低。

土壤水分的调节。为了充分满足植物生长发育对水分的要求，避免水分过多或过少引起的危害，在植物生长期间要不断对土壤水分进行调节。旱田土壤的主要矛盾则是水分不足，针对北方地区的气候特点及水资源状况，调控土壤的措施主要有以下几个方面：

（1）改良土壤质地，增施有机肥料

实践证明，壤土和有机质含量丰富的土壤较抗旱。

（2）加强农田基本建设，促进土壤蓄水保墒

丘陵地区通过改变坡地地形，如修筑梯田、保持田块平坦来减少雨水径流，提高单位面积产量。平原地带凹凸不平的耕地，大搞平整土地，并结合耕作措施，解决水分分布不均问题，增加土壤的蓄水能力。在低洼易涝及盐碱地块，修筑条田、台田、完善田间排水系统，排除过多的水分及盐分的危害。

（3）发展农田水利，灌排结合

受到干旱威胁的耕地，发展农田水利事业是抗旱最有效的措施。除新建大中型水库外，还应根据当地水资源实际情况发展小型农田水利。充分利用当地地表水和地下水修建小水库、抽水站、井和蓄水池，并做到渠系配套、工程配套，避免大水漫灌。大力发展喷灌、滴灌技术，节水节能，扩大水浇地面积。有计划按时按量配水供水，加强渠系管理保护，制定植物的灌溉制度，保持适宜的土壤含水量，充分满足植物各生长期对水的需求。

（4）合理耕作，秋蓄秋保相结合

我国北方有三分之二无灌溉条件的旱作耕地，只有采取各种有效的抗旱保墒农业耕作措施，充分蓄积降水，减少地表蒸发等措施满足植物的最低要求，才能获得高产。秋天深翻地或耙地，疏松土壤，将秋雨和冬雪蓄入土壤深层，使春季得到水分的供应，称秋蓄，即春墒秋蓄。

（5）耙耢保墒和镇压提墒

耙耢保墒是春天采用顶凌耙压和楠浆打垄的方法，即在每年三月上、中旬土地昼消夜冻时进行耙地，减少大孔隙，防止跑墒。随着水分下降及农时需要，结合播种等进行耙耢、压碎土块，形成疏松表层，减少毛管水运动，降低地表蒸发，保持适当的含水量。当含水量进一步减少，表层土壤墒情不足时，可采用镇压提墒，利用镇压措施，将表层土块压碎，降低孔隙度，削弱气态水向地表运动，减少水分损失，又有利于下层水分上升，种子吸水萌发。

（6）深松土地

深松也是很好的蓄水方式。目前在东北推广的联合耕种机安装深松铲。一般深松后无论是冬季休闲或翌年秋植物生长期，土壤含水量均高于一般耕翻的地块。适时中耕、地面覆盖等都能减少水分蒸发，起抗旱保墒的作用。

（7）植树造林、种肥（绿肥植物）种草

植树造林、种肥（绿肥植物）种草等，也是调节土壤水分的有效措施，生产中，要根据具体情况，采用综合措施，有力调控土壤墒情，确保农业高产稳产。

1.2.2　植物的光合作用

光合作用是绿色植物吸收光能，转化二氧化碳和水，制造有机物并释放氧气的过程。光合作用是地球上植物利用太阳能的最主要途径。由于光强、光质和光周期等随时间和空间不同而发生变化，光对植物生长发育、生物生产和积累以及植物地理分布等方面都有深刻影响。

绿色植物的光合作用是地球上唯一的大规模地把无机物质转变为有机物质，把光能转变为化学能的过程，它是植物体内所有物质代谢和能量代谢的基础，对整个生物界的生存发展，以及保护自然界的生态平衡都具有重要的意义。

首先，把无机物质变成有机物质。绿色植物的光合作用是地球上有机物质合成的最重要的途径，地球上几乎所有的有机物质都直接或间接地来源于光合作用，有人把绿色植物喻为庞大的绿色合成有机物质工厂。绿色植物合成的有机物质，不仅用于满足植物本身生长发育的需要，同时也为人类和其他动物提供食物来源，也是某些工业的原料。换句话说，人类生活所必需的粮、棉、油、菜、果、茶、药和木材等都是与光合作用有关的产物。

其次，蓄积太阳能。植物在同化无机物质的同时，将光能转变为化学能，贮藏在所形成的有机物质中。有机物质所贮藏的化学能，除了供植物本身和全部异养生物之用外，更重要的是可供给人类活动的能量来源。目前，工、农业生产和日常生活所需要的主要能源，如煤、石油、天然气及木材等，也都是古代的植物通过光合作用所贮存的能量。因此可以说，光合作用是当今能源的主要来源。

最后，净化空气，保持大气中 O_2 含量和碳循环的稳定。地球上一切生物的呼吸作用和燃烧都要吸收大量 O_2 和释放大量 CO_2。地球上每秒钟要消耗 $10kgO_2$，以这样的速率计算，大气中的 O_2 在三千年左右就会用完。然而，绿色植物广泛分布在地球上，不断地进行光合作用，吸收 CO_2，每年向大气释放约 $4.6×10^{14}kgO_2$。这样就可保持大气层 O_2 含量稳定，维持大气中 O_2 的平衡。因此，从清除过多的 CO_2 和补充消耗的 O_2 角度看，可以将绿色植物看成一个自动的空气净化器。同时，大气中一部分 O_2 还可以转化为臭氧（O_3），在大气上层形成一个臭氧层，吸收太阳光线中对生物有强烈破坏作用的紫外线。

因此，光合作用是地球上一切生命存在、繁荣和发展的根本源泉。对光合作用的研究在理论和生产实践上都具有重要意义。果树、蔬菜、花卉和林木等农林产品的产量和品质都直接或间接地依赖于光合作用。各种农林业生产的耕作制度和栽培措施，都是为了使植物更大限度地进行光合作用，以达到增加产量和改善品质的目的。

光合作用本质上是吸收、转化和贮藏太阳能的过程。一般来说，作物干物质有 95%以上是直接或间接地来自光合作用。因此，光能利用率的高低与作物产量密切相关，如何充分利用照射到地球表面的日光能，以进行光合作用，是农业生产的核心问题。植物在生长期间，经常会遇到不适于植物生长和光合作用的逆境，如干旱、水涝、低温、高温、阴雨、强光、缺 CO_2、缺肥、盐渍和病虫草害等。在逆境条件下，植物的光合生产率要比顺境下低得多，这会使光能利用率大为降低。

植物产量决定于干物质积累的多少，其中大部分直接或间接地来自于光合作用有机物质的积累。光合产物的多少取决于光合面积、光合能力与光合时间 3 个因素，积累多少则与光合产物的消耗有关。最后产品器官发达与否，相对密度多大，即经济产量的高低，则决定于光合产物在各器官间分配利用的情况（用经济系数表示）。一般来说，凡是光合面积较大，光合能力较强，光合时间较长，光合产物消耗较少，而光合产物向产品器官的运输分配较多（即经济系数较高）的作物，就能获得较多的产量；反之，产量就低。实际上，农业生产中的一切增产措施，都是通过改善光合性能而起作用的。改善光合性能是植物增产的根本途径。

第一，延长光合时间。延长光合时间就是最大限度地利用光照时间，可通过延长生育期或人工补充光照等措施来适当延长光合时间。在不影响耕作制度的前提下，适当延长作物的生育期，例如前期加强土肥水管理，促进根系发育，使叶片早生快发，较早就有较大的光合面积，后期防止叶片早衰，特别是防止作物功能叶的早衰，是延长叶片光合作用时间、提高作物产量的重要措施之一。适时早播、早栽或采用铺地膜、温室、塑料棚或阳畦等保护地栽培措施，都可以延长生育期，增加光合时间，提高光能利用率。对于叶用植物，采叶时在不影响采叶品质的前提下，可适当晚采，并且切忌采叶过度。

第二，增加光合面积。光合面积即植物的绿色面积，主要是叶面积，是影响产量最大，同时又是最容易控制的一个因素。但产量高低决定于植株群体的光合面积综合效应的大小，在生产上，群体叶面积的大小一般以叶面积系数为指标。叶面积系数过小，部分光能会因叶少漏光而损失；叶面积系数过大，叶片相互遮蔽，通风透光差，部分遮阴程度深的叶片处于光补偿点以下而成为无效叶片，叶幕平均净光合速率下降；当受遮阴程度深的叶片恰处于光补偿点时，群体的叶面积系数称为最适叶面积系数。同时还要掌握合理的叶面积系数的动态变化。前期叶面积扩展增加较快，吸收更多的日光能，漏光减少；中期保持叶面积系数相对稳定，但也要避免叶片过多；后期叶面积系数的下降要慢，以延长光合时间。

第三，提高光合效率。单位绿叶面积的光合效率受到各种内、外因的综合影响，生产上提高光合效率所采取的主要措施是选择和改善植物光合作用的有利条件。首先要适地适作，选择优良的小气候和土壤条件。其次要乔、灌、草结合，加深耕作层，改良土壤，生草种绿肥，覆盖免耕，合理施肥灌水，应用生理活性物质，雨季排水，综合防治病虫，改善通风和增加 CO_2 供应，抵御灾害等。

第四，减少经济器官以外的消耗。可通过增大昼夜温差，或减少光合午休现象，降低夜间或中午的呼吸消耗，以增加光合产物的积累，提高光能利用率。生产上也可通过合理密植和整形修剪，减少树冠无效体积和器官；通过疏花疏果、病虫防治和减少由于农药、叶面施肥不当等叶片伤害而造成的叶片坏死、脱落等现象，减少无效消耗，增加营养积累。

第五，提高经济系数。经济系数是表示生物产量向经济器官分配比例的指标。生产上，可通过整形修剪、化学调控等人工调节和一定的控制措施，调节养分在营养器官和生殖器官间分配的矛盾，促进花芽形成和提高坐果率，使光合产物定向分配流动，增加向果实等经济器官的养分供应，从而提高经济系数，以提高经济产量。

1.2.3　植物的抗性生理

植物并不总是生活在正常或适宜的环境中。因为地理位置和气候条件的差异，特别是人类高强度活动导致了多种不良的环境条件，严重影响了植物的正常生长、发育，使植物受到伤害，甚至死亡。在农业生产过程中，经常会遇到干旱、洪涝、低温、高温、盐渍以及病虫侵染等各种不良的环境条件，全球气候变化促使这些自然灾害日趋频繁。现代工农业的飞速发展一方面在为人类创造巨大物质财富，另一方面出现了严重的大气、土壤和水质等环境污染，不仅危及动植物的生长和发育，而且威胁着人类的健康和生存。因此，研究植物在不良环境下的生命活动规律、忍耐或抵抗生理，对于提高植物的抗逆性和农业生产力，以及保护环境有实际意义，同时也为植物抗逆基因工程提供理论依据。

（1）提高植物抗寒性

生产中预防低温危害的途径包括两方面：一方面是提高植物的抗寒性，另一方面是控制不利的气候条件。常用的方法有：

1）栽培措施

在栽培管理中选择良种壮苗，适时播种，增施有机肥料和磷、钾肥，合理灌溉等措施都可增强植物的抗寒性，避免寒害。在冷空气来临时进行熏烟、覆盖等是防御低温危害的有效措施。培育抗寒性强的品种是根本方法。

2）改善田间小气候

早春气温较低，育苗时采用温室、温床、阳畦，塑料薄膜和地膜覆盖等均可克服低温不利因素，以提早播种期。此外，设置屏风、覆盖等，也可改变作物小气候，避免低温危害。对一些经济价值高而又不耐寒的作物品种可利用温室或塑料大棚进行栽培。

3）化学药剂处理

许多生长延缓剂如多效唑、优康唑、矮壮素等在作物、果树和花卉上广泛应用。抗寒性增强主要是通过使用生长延缓剂，延缓树木的新梢生长、提高细胞液浓度。

（2）提高植物抗旱性

1）选育抗旱品种

选育抗旱性强的作物品种是提高抗旱性的根本途径，要依靠植物生理学为其提供理论和有效的筛选方法。

2）抗旱锻炼

这虽然属于遗传育种学科的范畴，但抗旱锻炼是人工给植物以亚致死剂量的干旱条件，让植物经受锻炼，提高其对干旱的适应能力。生产上采用的双芽法、蹲苗法、搁苗法及饿苗法都是有效的方法。双芽法是播前对种子锻炼，将种子在水中吸胀 24 小时后，放到 15～20℃ 条件下萌动，并风干到原来的质量。如此反复 2～3 次后再播种。经过锻炼长出的幼苗，其原生质的亲水性、黏性和弹性提高，细胞的渗透势下降，根系吸水能力增强，从而提高了植物的抗旱性。一些树木和作物在苗期适当控制水分，抑制生长，以锻炼其适应干旱的能力，称为"蹲苗"。蹲苗的时期不宜过长，蹲苗后要注意及时加强营养条件，使其尽快恢复生机。蔬菜和有些花卉在移栽前拔起，让其萎蔫一段时间再栽，称为"搁苗"。甘薯剪下的藤苗一般要放置阴凉处 1～3 天甚至更长时间再栽，称为"饿苗"。这些措施都有提高抗旱能力的作用。试验证明经锻炼的苗，根系发达，植株保水力强，叶绿素含量高，以后遇干旱时，代谢比较稳定，干物质积累多。

3）化学药剂处理

播前用一定量的微量元素浸种或拌种有提高抗旱性的作用。如用 0.5% 的 H_3BO_4、$CuSO_4$ 溶液，0.2%$MnSO_4$ 和 $ZnSO_4$ 溶液或 0.025mol·$L^{-1}CaCl_2$ 溶液浸种，以及用 0.05%$ZnSO_4$

溶液喷洒叶面，都有提高抗旱性的作用。

4）生长调节剂和抗蒸腾剂的使用

在干旱条件下，植物体内的 ABA 含量增加，可促进气孔关闭，降低蒸腾，提高植物的抗旱性。外施 ABA 同样具有抗旱效果。此外，生长抑制剂和生长延缓剂都具有抑制生长，减少蒸腾面积，降低水分消耗，增强植株抗旱性的作用。常用的有多效唑、矮壮素、B9、整形素、调节膦和三碘苯甲酸等。在不影响植物正常生理活动的前提下，使用抗蒸腾剂，适当减少水分蒸腾，可达到减少植物体内水分散失，提高抗旱能力的目的。

5）合理施肥

有机肥具有持效期长，能够改良土壤的理化性质，增强土壤的蓄水能力等作用。因此，多施有机肥不仅可以为植物提供丰富的矿质营养，而且有助于增强植物的抗旱能力。另外，磷、钾肥可提高植物的抗旱性。在植物生长发育的各个关键时期，如果树的开花期、果实膨大期等，增施磷、钾肥，能显著提高植株的抗旱能力。微量元素硼、铜也有助于提高植物的抗旱性。若氮肥过多，则枝叶徒长，蒸腾失水过多，不利于抗旱。

（3）提高植物抗盐性

1）选育抗盐植物

选育抗盐品种是提高植物抗盐性的根本途径。可以采用有效的抗盐生理、生化指标，对现有品种进行筛选；利用组织培养技术，选育抗盐突变体；利用基因工程技术，转移抗盐基因等。

2）播前种苗处理

播种前，将种子按盐分浓度梯度依次进行一定时间的处理，可显著提高植物的抗盐性。用微量元素 Fe、Mn、B 和 Ca 等在播前处理种子，也可提高植物的抗盐性。

3）激素处理

据报道一些植物激素和生长调节剂可提高植物的抗盐性。如用 10^{-6} mol · L^{-1} 和 4×10^{-6} mol · L^{-1} ABA 处理无花果，可提高其抗盐性；IAA 处理小麦种子可抵消 Na_2SO_4 对根系的抑制作用；CTK 可促进盐诱导的豌豆根系生长，促进小麦在盐渍土壤中萌发和生长。

4）轮作与施肥

轮作绿肥和施用有机肥料，可改良土壤，减少土壤水分蒸发，降低土壤盐分积累，并能改善植物的营养状况，有利于壮苗培育，提高抗盐能力。由于盐碱土中磷易被固定，增施磷肥能加速植物的生长发育，促进蛋白的合成，并增强细胞原生质的亲水能力，因而可提高植物的抗盐性。

对于环境污染的防治，最根本的办法是尽可能降低污染程度，但通过各种途径提高植物抗污染的能力，也是当前农、林生产及环境绿化中行之有效的措施，可通过以下几个方面进行：

① 选择抗性植物

植物对大气污染的抗性，木本植物比草本植物抗性强，阔叶树比针叶树抗性强，而常绿树比落叶树抗性强。从形态上看，叶面积小，叶较厚，叶面角质层厚等特点，有利于增强植株抗污染性。有些植物如桑科、大戟科、夹竹桃科和仙人掌科等具有乳质或分泌特殊汁液，也具有较强的抗性。另外，同一植物的不同生育期，生长发育情况不同，抗性也不同，幼龄树和新生幼叶比老叶有较强的抗性。

② 培育抗污染能力强的新品种

采用组织培养、基因工程等新技术筛选抗污染的突变体，培育抗污染新品种。

③ 抗性锻炼

用较低浓度的污染物预先处理种子或幼苗，其抗性会有一定程度的提高。

④ 改善土壤营养条件

改善土壤营养条件，创造适于植物生长的 pH 环境，使植物抗污染能力增强。在贫瘠的土壤中施用氮肥，可以提高植物的抗性，施用硝酸盐比施用铵盐抗二氧化硫的效果好。

⑤ 应用生理活性物质

用维生素和植物生长调节剂处理植物，可提高细胞内保护酶类的活性，减轻污染物对植物的危害。如 IAA 和维生素 C 等对提高植物对 O_3 的抗性有一定作用，维生素 E 对 SO_2 伤害有一定的保护作用。

1.2.4　植物的矿质元素

地壳中存在的元素几乎都可在不同植物体中找到，现已发现 70 种以上的元素存在于不同植物中，但并不是每一种元素都是植物必需的。必需元素要具备 3 个条件：① 若缺乏该元素，植物不能正常生长发育，不能完成其生活史。② 若无该元素，则表现专一的缺乏症，该症状不能由于加入其他元素而消除，只有加入该元素后植物才能恢复正常。③ 该元素的营养作用是直接的，而不是因改变土壤（或培养液）微生物或物理、化学条件引起的间接作用。

根据以上标准，现已确定植物必需的矿质元素有：氮（N）、磷（P）、钾（K）、钙（Ca）、镁（Mg）、硫（S）、铁（Fe）、铜（Cu）、硼（B）、锌（Zn）、锰（Mn）、钼（Mo）、氯（Cl）、镍（Ni），再加上从空气和水中得到的碳（C）、氢（H）、氧（O）。根据植物对这些元素的需求量，把它们分为两大类：

1）大量元素。植物对大量元素需要量较大，它们占植物体重的 0.1% 以上，有碳（C）、氢（H）、氧（O）、氮（N）、磷（P）、钾（K）、钙（Ca）、镁（Mg）、硫（S）等。

2）微量元素。植物对微量元素需要量极微，占干重的 0.01% 以下。它们是铁（Fe）、硼（B）、锰（Mn）、锌（Zn）、铜（Cu）、钼（Mo）、氯（Cl）、镍（Ni）等。尽管对它们需要量很小，但有缺乏时，植物不能正常生长。

1.2.5　育苗用土壤与肥料

土壤是岩石圈表面能够生长植物的疏松表层，是陆生植物生活的基质。不同土壤上生长的植物，因长期生活在一定类型的土壤上，产生了与之相适应的特性，形成了各种以土壤为主导因子的生态类型。根据植物对土壤 pH 值的反应，可分为酸性土植物（pH 值 < 6.5）、碱性土植物（pH 值 > 7.5）和中性土植物（pH 值 6.5 ～ 7.5）。酸性土植物也可称为嫌钙植物，它们只能生长在酸性或强酸性土壤上，在碱性土或钙质土上不能生长或生长不良，对 Ca^{2+} 和 HCO^{-1} 非常敏感，不能忍受高浓度 Ca^{2+}。如水藓、马尾松、杉木、茶、柑橘、杜鹃属及竹类等。碱性土植物，也叫喜钙植物或钙质土植物，是指适合生长在富含代换性 Ca^{2+}、Mg^{2+} 而缺乏 H^+ 的钙质土或石灰性土壤上的植物。它们不能在酸性土壤上生长，如蜈蚣草、铁线蕨、南天竺、柏木等都是较典型的喜钙植物或钙土植物。中性土植物是指生长在中性土壤里的植物，这类植物种类多、数量大、分布广，多数维持植物及农作物均属此类。

植物所需的水分、养分、空气和湿度等，有的直接靠土壤供给，有的受土壤制约，因此，植物育苗成效与土壤的关系十分复杂而密切。

施肥是农业生产中最古老的技术措施之一，古今中外许多学者通过反复的生产实践和科学试验，探索和总结出指导施肥的基本原理，至今仍有指导意义。

施肥的目的是营养植物、培肥地力、提高产量和经济效益，生产上应根据植物的营养特点、土壤的供肥能力、肥料性质和气候特点等，因地制宜地采用不同的施肥方法，以获得肥料的最大效应，达到施肥的目的。我国农民有着丰富的施肥经验，总结出了看天、看地、看庄稼的施肥技术，现代农业则要求更高，特别是在施肥量和养分配比上要求更严格。在施肥环节上一般分为基肥、追肥和种肥。

1）基肥：基肥是在植物播种或移栽前施入土壤的肥料，群众称之为底肥。基肥的用量较大，通常以有机肥为主，化肥为辅。化肥中大部分磷肥和钾肥作为基肥，部分氮肥作为基肥。基肥具有培肥和改良土壤，及在整个生育期内为植物提供养分的作用。遵循肥土、肥苗和土肥相融的原则，基肥的施用方法有：

① 撒施。撒施是在耕地前将肥料均匀地撒于地表，再结合耕地将肥料翻于土中，这是最简单和最常用的一种方法。

② 条施。条施是结合犁地做垄，在行间开沟，将肥料施于沟内，覆土后播种，一般适用于单行距植物或单株种植的植物。条施比撒施肥料集中，有利于提高肥效。

③ 穴施。穴施是在预定种植植物的位置开穴施肥或将肥料施于种植穴内，是一种比条施肥料更集中的施肥方法，适用于单株种植的植物。

④ 环状沟施。环状沟施是在垂直于树冠外围的地方，开一环状沟，沟深、宽各为 $30 \sim 60cm$ ，将肥料施于沟内，施后覆土。第二年再施肥时，在第一年施肥沟的外侧再开沟施肥，以后逐年扩大施肥范围。

⑤ 放射状沟施。在距树一定距离处，以树干为中心，向树冠外围开 $4 \sim 8$ 条放射状直沟。沟深、宽各为 $50cm$ ，沟长与树冠相齐，将肥料施在沟内，施后覆土，每年在交错位置开沟施肥。

⑥ 分层施肥。通常在有粗、细肥搭配或施用磷肥时采用此法。将有机肥或磷肥翻入下层土壤，将少量细肥及磷肥混在上层土壤中，植物生长早期可利用上层的肥料，中后期则利用下层的肥料。这种方法一次施肥量较大，施肥次数少，肥效长，对于有地膜覆盖的植物尤其适用。

2）种肥：种肥是播种或定植时施在种、苗附近的肥料，其作用是为种子萌发或幼苗生长提供良好的营养条件和环境条件。化肥、有机肥、微生物肥料均可用作种肥，但有机肥必须是腐熟的，化肥中凡浓度过大、过酸或过碱、吸湿性强及含有毒副成分的肥料均不宜做种肥。种肥的施用方法有 4 种：

① 拌种：将少量化肥或微生物肥料与种子拌匀后一起播入土壤，肥料用量视种子和肥料种类而定。

② 蘸秧根：将化肥或微生物肥料配成一定浓度的溶液或悬浊液浸蘸根系，然后定植。

③ 盖种肥：先播种，后将肥料盖于种子之上，如草木灰用作盖种肥。

④ 条施和穴施：在行间或播种穴中施肥，方法同基肥的条施或穴施。

3）追肥：追肥是在植物生长发育期间施用的肥料，其作用是及时补充植物在生育过程中，尤其是植物营养临界期和最大效率期所需的养分，以促进生长，提高产量的品质。追肥时期视植物种类而不同，如水稻、小麦等植物一般在分蘖期、拔节期、孕穗期追肥，棉花、番茄一般在开花期、坐果期追肥等。追肥的施用方法有：

① 撒施：将肥料撒施地表，再结合中耕耕翻入土，适用于水稻、小麦等密植植物。

② 条施：适用于中耕植物，在植物行间开沟，将肥料施于沟内，施后覆土。

③ 结合灌水施肥：将肥料溶于灌溉水中，使肥料随水渗入耕层，这种方法本身水、肥利用率就较高，在开沟条施或穴施困难的情况下这种方法更加适合。在有喷灌或滴灌的地块最好结合灌溉进行喷、滴灌施肥，具有省肥、渗透快、肥效高等优点。

④ 根外追肥：将肥料配成一定浓度的溶液，喷在植物叶面，通过叶部营养直接供给植物养分。这种施肥方法最适合于微量元素肥料的施用或在植物出现缺素症时施肥，对于大量元素肥料，根外追肥作为辅助性手段，在植物发育的中、后期应用效果较好。根外追肥的关键是浓度，肥料的种类不同、植物不同或同一植物的不同生育时期，根外追肥的浓度均不同，生产上应根据实际情况，选用合适的肥料和适当的喷施浓度。

（1）植物对肥力的要求

1）根毛发达，与土壤的接触面大，能吸收多量的营养元素。

2）植物耐肥性能不一样，有的植物在生长旺盛期比幼苗期耐肥性强。耐肥性的强弱与施肥量的多少有关，也直接影响施肥效果。

3）土壤中 pH 值的高低影响植物对营养元素的吸收。大多数植物最适于中性和弱酸性的土壤溶液环境。一般 pH 值在 5.5 ～ 7，植物吸收三要素最容易；土壤偏酸时，会减弱植物对 Fe、K、Ca 的吸收量；pH 值为 5 或 9 时，土壤中 Al 的溶解度随之增大，容易引起植物中毒。

4）植物吸收的营养元素（无论是大量的，还是微量的）多以离子状态通过根、叶进入植物体内，植物所需要的碳素营养主要来自空气中的二氧化碳，氢、氧来自水的分解。碳、氢、氧三种营养元素可从空气和水中得到充足的供应，其他元素多来自土壤。

5）植物生长发育时期不同，种类不同，所要求的营养元素种类、数量、比例也不相同，而土壤自然肥力只能在部分时期，满足植物生长发育的要求。施肥是通过人为措施，调节土壤营养元素的种类、数量和比例关系，使之适合植物生长发育的需要，达到优质高产的目的。

（2）土壤有机质对土壤肥力的作用

土壤有机质对土壤肥力和植物营养有着重要的作用，具体表现在以下几个方面：

1）提供植物需要的养分

土壤有机质中含有大量的植物必需的营养元素，在矿质化过程中，这些营养元素被释放出来供给植物吸收利用。土壤含氮量与有机质呈显著正相关关系。另外，有机质分解产生的各种有机酸，能分解岩石、矿物，促进矿物中养分的释放，改善植物的营养条件。

2）改善土壤理化性质

有机质对改良土壤物理性质具有多方面的意义。首先，是促进团粒结构的形成，因为腐殖质是良好的胶结剂。其次，改善土壤的耕性，并能提高土温，改善土壤的热状况。同时，腐殖质是一种有机胶体，有巨大的吸收代换能力和缓冲性能，对调节土壤的保肥性能及改善土壤酸碱性方面有着重要作用。

3）提高土壤保水保肥能力

腐殖质是有机亲水胶体，有较大的表面积，带有大量的负电荷，能吸收大量的水分和养分，腐殖质的吸水率为 500% ~ 600%，阳离子吸收量为 300 ~ 400Cmol · kg^{-1}，是黏土的 10 倍左右，因此，有机质多的土壤蓄水力大，耐旱性强，有后劲。

4）改善土壤的生物学性质

在一定浓度下，腐殖质能促进微生物和植物的生长，腐殖酸盐的稀溶液能改变植物体内的糖类代谢，促进还原糖的积累，提高细胞渗透压，从而增强植物的抗旱能力。腐殖酸钠是某些抗旱剂的主要成分。有实验表明，用富里酸钠喷施西瓜，能显著提高西瓜的甜度。胡敏酸的稀溶液能促进过氧化酶的活性，加速种子发芽和养分吸收。

5）消除或减轻土壤重金属和有机污染物等的危害

腐殖质与某些重金属离子能形成溶于水的络合物，并随水排出，从而减轻有毒物质对土壤的污染以及对植物的危害。

显然，增加有机肥的施用量，提高土壤有机质含量是提高土壤肥力的重要途径，此外，种植绿肥，使秸秆还田也是培肥土壤、提高产量的有效措施。

1.2.6 植物的生长物质

植物的生长物质是调节植物生长发育的微量有机物质，可将其分为两类：植物激素和植物生长调节剂。植物激素是在植物体内合成的，通常从产生部位被运到作用部位，是对生长发育产生显著调节作用的微量有机物质。其特点是：① 内生性：是植物生命活动过程中正常的代谢产物；② 可运性：由某些组织和器官产生后，可转移到体内其他部位起调控作用；③ 调节性：不是营养物质，但极低浓度就可对代谢起调节作用。

到目前为止，国际公认的植物激素有 5 大类：生长素类、赤霉素类、细胞分裂素类、脱落酸和乙烯。除了 5 大类植物激素外，近年来又陆续发现了一些对生长发育有调节作用的物质，如油菜素内酯、菊芋素、半支莲醛和月光花素等。此外，还有一些天然的生长抑制物质，如茉莉酸、对香豆酸、香草酸、咖啡酸和儿茶酸等。因这些物质仅为某些特殊植物所有，所以还不能把它们看作植物激素。

植物生长调节剂是一些人工合成的（或从微生物中提取的），具有植物激素活性的物质。多年来，人们已经人工合成并筛选出了多种植物生长调节剂，并已广泛应用于农业、林业和园艺生产中。在现代农业生产中，植物生长调节剂与化肥、农药一起合称为农业生产中必需的三大法宝。

（1）植物激素

1）生长素类

生长素是最早被发现的植物激素。高等植物中普遍存在的吲哚乙酸是从未成熟的玉米种子和麦芽中分离的，因其促进生长的效应，也习惯上将其称为生长素。

除吲哚乙酸外，后来又继续在大麦、烟草及玉米等植物中发现了 4- 氯吲哚乙酸、吲哚乙腈和吲哚乙醇等天然化合物，都不同程度地具有类似于生长素的生理活性。

植物体内生长素含量很低，植物各器官中均有生长素分布，但一般多集中在生长旺盛的部位，如茎尖、根尖、形成层、正在展开的叶片、胚、幼嫩的果实和种子等，衰老的组织或器官中生长素的含量较少。

生长素在植物体内运输特点为极性运输。所谓极性运输就是指生长素只能从植物的上端向下端运输，而不受放置位置的影响。若把含生长素的琼脂块放在胚芽鞘的上端，无论重力方向如何，生长素都能从上端运往下端。反之，把含有生长素的琼脂块放在胚芽鞘下端，无论是顺重力方向还是逆重力方向，生长素都不能向上端运输。在根中生长素的运输也是相对性运输，即从根尖运往基部。非极性运输仅占很少的一部分，向上运输是一种单纯的扩散作用，其运输不受代谢的影响。

植物体内的吲哚乙酸有两种存在状态，一种是与细胞内的葡萄糖、氨基酸等结合，形成没有活性的束缚型生长素；另一种是没有与其他分子共价键结合的生长素，称为游离型生长素。束缚型生长素是生长素的一种贮藏形式，约占组织中生长素总量的 $50\% \sim 90\%$。束缚型生长素在条件适宜时可水解成具生理活性的游离型生长素。植物体内具活性的生长素浓度一般都保持在最适范围内，对于多余的部分通过结合和降解进行自动调节，以保证植物正常的生长。

生长素的生理作用与应用有：促进伸长生长。生长素促进细胞的伸长生长，在生长素处理茎切段和胚芽鞘切段时，促进伸长生长明显，主要原因是其促进了细胞的伸长。在一定浓度范围内，生长素对离体的根和芽的生长具有促进作用，生长素对生长的作用表现为 3 个特点：

① 在较低浓度下可促进生长，而高浓度时则抑制生长。

② 不同器官对生长素的敏感性不同，如根对生长素最敏感，其最适浓度大约为 $1^{-10}\mathrm{mol} \cdot \mathrm{L}^{-1}$，茎的反应最不敏感，芽的反应处于根与茎之间。

③ 对离体器官和整株植物效应不同，对离体器官的生长具有明显的促进作用，对整株植物效果不十分明显。促进器官和组织的分化方面：生长素促进插条形成不定根的效果非常明显，其主要原因是生长素刺激插条切口处细胞的分生和分化，对根原基的形成起到诱导的作用。生长素类物质已广泛用于促进插条生根的无性繁殖，最常用的是萘乙酸和吲哚丁酸。促进坐果及果实生长方面：受精后的雌蕊可产生大量的生长素，吸收营养器官的养分，将其运到子房，形成果实。有些植物因开花后没有受精，很快便凋谢，但用生长素类物质处理后，即使不受精也可坐果，并对坐果后的膨大生长促进效果明显。因此生长素有促进果实生长的作用。防止器官脱落：生长素能"征调"营养，延迟离层细胞的形成，因此生长素有防止脱落的作用。影响性别分化：生长素促进部分植物的雌花分化。疏花疏果：生长素还可用于疏花疏果，如雪花梨，在盛花期喷 $40\mathrm{mg} \cdot \mathrm{L}^{-1}$ 萘乙酸钠，能有效地疏除花朵，节省大量劳力。

2）赤霉素类

赤霉素是植物激素中种类最多的一种，它们都是以赤霉素烷为骨架的衍生物。到目前为止，在微生物和高等植物中已经发现的赤霉素类物质有 125 种，按被发现的顺序分别命名为 GA1 ～ GA12，其中 GA3 称为赤霉酸，是生物活性最高的一种。生产上常用的是 GA3 和 GA4 ＋ 7（为 30% GA4 和 70% GA7 的混合物）。

在高等植物中，赤霉素普遍存在，几乎所有的组织和器官中都含有赤霉素，如种子、幼苗、子叶以及扩展的叶片中都有赤霉素，但不同部位含量不同，生长旺盛的部位分布多，如茎尖和根尖、正在生长的种子和果实。生殖器官中所含的赤霉素比营养器官中多。同一植物含有多种赤霉素，在植物不同的生长发育阶段赤霉素的种类和含量也会发生变化。赤霉素在植物体内的运输属非极性运输，即可以双向运输。根合成的赤霉素通过木质部向上运输，而芽和幼叶产生的赤霉素是通过韧皮部向下运输，同时也可向上运输。种子萌发期间，胚内合成的赤霉素运向胚乳。

赤霉素的生理功能是促进植物茎的伸长。赤霉素能刺激细胞分裂和伸长，即促进分生组织幼龄细胞分裂，促进成龄细胞生长，因而用赤霉素处理植株后，可明显促进茎的伸长生长。赤霉素促进生长与 IAA 促进生长相比有以下几个特点：① 作用于整株；② 只使茎伸长，不增加节数，只对有居间分生组织的茎才增加节数；③ 不存在高浓度下的抑制作用，即使浓度很高，也表现很强的促进生长作用，只是浓度过高时，植物形态不正常。其原因在于赤霉素促进生长的效应，与其促进生长素的合成并抑制其破坏有关。需要说明的是：赤霉素只促进遗传上矮化品种出现"高生型"，而对遗传上"高生型"品种作用轻微，如矮生豌豆和矮生玉米使用赤霉素可使其茎秆生长到正常高度。但赤霉素对离体茎切段的伸长无明显的促进作用，诱导 a —淀粉酶的形成。禾谷类种子贮藏的物质主要是淀粉，种子萌发时胚中的赤霉素扩散到糊粉层，在此诱导 a —淀粉酶形成，然后在 a —淀粉酶的作用下把淀粉水解为糖以供胚生长之需。无胚种子不能形成 a —淀粉酶，但外加赤霉素可诱导无胚种子形成淀粉酶，这证明糊粉层是赤霉素作用的"靶细胞"，促进抽薹开花。未经春化的二年生植物（如萝卜、白菜和胡萝卜等）常只进行莲座状生长而不能抽薹开花，使用赤霉素处理后，即使不用一定时间的低温处理也会抽薹开花。对有些长日照下才能开花的植物，赤霉素也可以代替长日照的作用，使这些植物在短日照条件下开花，诱导单性结实，提高坐果率。赤霉素和生长素一样，可以使未受精的子房膨大，发育成无籽果实，在梨、杏、草莓、番茄、辣椒和葡萄上施用赤霉素都能获得较好的效果。如巨峰葡萄花前 5 ～ 7 天及花后 10 天分别用 12.5mg·L^{-1} 和 25mg·L^{-1} 的 GA3 浸蘸花序和果穗，无核率可达 96% ～ 100%，且品质提高，促进雄花分化。在雌雄异花的植物中，如黄瓜用赤霉素处理植株，雄花明显增加，雌花却减少，这种效应与生长素和乙烯相反，由此可见雄花与雌花的比例与植株体内的赤霉素的水平有一定的关系。打破休眠：有些植物的种子在黑暗中不能发芽，如莴苣、烟草等需光种子；若用赤霉素处理，即使在黑暗条件下也能发芽。对于不经低温处理就不能发芽的种子；用赤霉素处理后往往促进发芽。紫苏、茄子、牛蒡、萝卜、油菜和芥菜等的种子，采收后正处于休眠状态，在自然条件下要打破休眠需要数日，但用赤霉素处理后都能发芽。赤霉素处理休眠状态的马铃薯，也可促进其很快发芽，这样便可解决一年多作的问题。树木休眠的冬芽用赤霉素处理，促进萌发效果明显。

3）细胞分裂素类

现已在多种植物中鉴定出几十种细胞分裂素，1963 年从甜玉米未成熟种子中分离出了天然的细胞分裂素，将其命名为玉米素，这是高等植物中最常见的细胞分裂素之一。

细胞分裂素广泛存在，特别是在进行细胞分裂的部位，如根尖、茎尖、幼叶、未成熟的种子、萌发的种子和幼嫩的果实等，一般细胞分裂素的含量为 1 ～ 1000ng·g^{-1} 植物干重，多数高等植物中的细胞分裂素为玉米素或玉米素核苷。

细胞分裂素合成的部位主要是根尖，并经过木质部导管向地上部运输。在植物的伤流液中可检测到细胞分裂素。随着研究的不断深入，人们发现茎端、正在萌发的种子和发育中的果实也可能是细胞分裂素的合成部位，但合成的细胞分裂素基本不向外扩散。

细胞分裂素的生理作用与应用

① 促进细胞分裂。细胞分裂素主要作用是促进细胞分裂，细胞分裂包括细胞核分裂和细胞质分裂两个过程，生长素促进细胞核的分裂，而细胞分裂素促进细胞质的分裂。当缺少细胞分裂素时，就会形成多核细胞。但细胞分裂素促进细胞分裂的效应只有在生长素存在的条件下才能表现出来。

② 诱导器官与组织的分化。诱导芽的分化是细胞分裂素重要生理效应之一，因此在组织培养时是培养基中的重要成分。当形成愈伤组织后再进一步分化出芽或根时，培养基中细胞分裂素／生长素的比值控制着分化的方向，当细胞分裂素／生长素的比值高时，愈伤组织形成芽；当细胞分裂素／生长素的比值低时，愈伤组织形成根；如两者的浓度相等，愈伤组织只生长不分化。

③ 促进侧芽发育，消除顶端优势。在生长的植株中，细胞分裂素可解除由生长素引起的顶端优势，促进侧芽的生长发育。如豌豆幼苗第一片真叶叶腋处的侧芽，大多都处于潜伏状态，用细胞分裂素处理便可转为生长状态，但对其上、下的潜伏芽不产生效应，这可能与细胞分裂素不易移动有关。

④ 延缓叶片衰老。离体叶片衰老的外观表现是叶绿素被破坏，叶片逐渐变黄。

⑤ 促进气孔开放。将叶子用细胞分裂素处理后，即使将叶子移至黑暗条件下，气孔仍然处于开放状态，因此使蒸腾速率加快，若无条件及时补充叶子内的水分，会导致叶片因失水过多而干枯。

⑥ 其他生理效应。细胞分裂素在促进细胞分裂的同时还可促进细胞扩大。用细胞分裂素处理马铃薯地下匍匐茎顶端，可刺激其膨大形成块茎。另外，细胞分裂素还可打破需光种子休眠，促进其萌发。

4）脱落酸

植物在它的生命周期中，如果生活条件不适宜，部分器官（如果实、叶片等）就会脱落；或者到了生长季节终了，叶子就会脱落，停止生长，进入休眠。在这些过程中，植物体内就会产生一类抑制植物生长发育的植物激素，即脱落酸。

脱落酸最初是从棉花果实及槭树、桦树等分离出来的，现在知道脱落酸较广泛地分布在植物界。在植物的叶、芽、果实、种子和块茎中均有脱落酸存在，休眠种子中的脱落酸抑制发芽。脱落酸是植物体内存在的一种天然抑制剂，含量甚微，并且其含量随器官的发育和外界环境的变化而发生变化。在不良环境条件下，脱落酸的含量往往会上升，如有些植物的叶子在缺水条件下，脱落酸含量会大幅度上升。

脱落酸的合成主要是在萎蔫的叶片和根冠，但在茎、花、果和种子中也能合成脱落酸。脱落酸的合成可能有两条途径，一条是类萜途径，也称为脱落酸合成的直接途径。它是由甲瓦龙酸经过法尼基焦磷酸，再经过一些中间过程最后形成脱落酸。以甲瓦龙酸为起始物质时，在短日照条件下有利于脱落酸的形成。合成脱落酸的另一条途径是紫黄质，其为类胡萝卜素的一种，它在光照下可产生黄质醛，黄质醛再经代谢成为脱落酸。除此之外，其他类胡萝卜素也可经光解，最终形成脱落酸，该途径也称为脱落酸合成的间接途径，在高等植物中，这是脱落酸合成的主要途径。脱落酸的运输不具极性，脱落酸的向基运输速率远远超过向顶运输。脱落酸主要是以游离的形式在木质部中运输，但也有部分以脱落酸糖苷的形式运输，运输速率比较快。

脱落酸的生理作用与应用

① 促进离层的形成与脱落。用脱落酸处理离体的枝条或完整植株的叶柄，都能促进叶柄脱落，一般需要多次而长时间地处理。脱落酸的这种作用，可以用生长素、赤霉素或细胞分裂素来抵消，从而延迟脱落，所以生产上常用赤霉素等来防止花、果的脱落。

② 促进气孔关闭，降低蒸腾作用。脱落酸可调节气孔运动。叶片在水分胁迫下，其保卫细胞内脱落酸含量迅速增加，是正常水分条件下的 18 倍，促使气孔关闭。外施脱落酸也有同样的效果。脱落酸促使气孔关闭的原因是脱落酸使保卫细胞中 K^+ 外渗，造成保卫细胞的水势提高，引起失水所致。因此，脱落酸是植物体内调节蒸腾作用的激素。

③ 促进休眠和脱落。用脱落酸处理正在生长的枝条，可使其停止生长和进入休眠。在秋季短日照条件下，有利于脱落酸的合成，所以多年生植物的芽进入休眠状态，以利越冬。许多植物种子的休眠也与脱落酸的存在有关，因此，这类种子必须通过层积处理使脱落酸含量下降后，才能正常萌发，如桃、蔷薇、红松和槭等。促进器官脱落也是脱落酸的重要生理作用之一，研究证明叶片衰老和果实脱落与脱落酸含量增加有关，如棉铃脱落最多的时期与棉铃中脱落酸含量最高的时期是一致的。

④ 抑制生长。脱落酸抑制植物细胞的分裂和伸长，在大多数情况下，对胚轴、根、茎、叶和侧芽等的生长都表现抑制作用。生长素使燕麦胚芽鞘弯曲或伸长的作用也可被脱落酸所抵消。

⑤ 增强抗逆性。植物在干旱、水涝、高温、寒冷及盐渍等逆境条件下，体内的脱落酸含量迅速增加，可提高植物抗逆性，如脱落酸可诱导某些酶重新合成，从而提高植物的抗冷性、抗涝性和抗盐性等。

5）乙烯

乙烯是植物激素中结构最简单的一种，属于不饱和烃，分子式为 C_2H_4，相对分子质量为 28，为无色气体，广泛存在于植物组织中。生产上常用的是乙烯发生剂，如乙烯利（即 2—氯乙基磷酸）、果宝素（又名吲熟酯、丰果乐等）。

乙烯广泛存在于植物的各组织和器官中，正在成熟的果实中含量最高。在跃变型果实中临近跃变前和跃变高峰之间，乙烯释放量剧增，其释放量可达到 $10nL \cdot g^{-1} \cdot h^{-1}$。逆境条件下，如干旱、水涝、低温、缺氧、机械损伤、病虫害、CO_2 和 SO_2 等化学物质，都可诱导产生乙烯，这种由逆境所诱导产生的乙烯可称为逆境乙烯。

乙烯的生物合成前体为蛋氨酸，其直接前体为 1—氨基环丙烷—1—羧酸，其中间产物是腺苷蛋氨酸和 1—氨基环丙烷—1—羧酸。植物的所有活细胞都能合成乙烯。乙烯在植物体内的移动，是一种被动的扩散过程，乙烯一般在合成部位起作用。

乙烯的生理作用与应用

① 促进果实成熟。催熟是乙烯最主要和最显著的效应，当果实长到一定大小时，乙烯生物合成加速，促进果实成熟。乙烯促进果实成熟的原理可能是通过增强质膜透性，提高水解酶活性，加速呼吸氧化分解，引起果肉有机物质的急剧变化，最后达到可食程度。因此，又称乙烯为果实催熟激素。对于未成熟的果实，用乙烯处理可促其成熟，乙烯催熟果实在生产上已被广泛应用。

② 改变生长习性。乙烯对根、茎伸长生长均有抑制作用。黄化豌豆苗用乙烯处理后，其上胚轴的伸长生长受到抑制，加粗生长加快及地上部横向生长（失去负向地性），这就是植物对乙烯特有的"三重反应"，可应用于乙烯的生物鉴定。乙烯促使茎横向生长是偏上生长的结果，即器官的上部生长速率快于下部，茎、叶柄的偏上生长，可使茎横生和叶下垂。

③ 促进脱落。一定浓度的乙烯可促使花、果和叶的脱落，这是因为乙烯可促使纤维素酶合成，并控制将其由细胞内释放到细胞壁中，引起细胞壁分解，最终引起花、果或叶的脱落。

④ 促进开花和雌花分化。乙烯可促进菠萝开花，在开花前用 400 ～ 1000μL·L^{-1} 喷洒，可促进菠萝开花结果。此外，乙烯还具有促进次生物质分泌（如橡胶树乳胶），打破种子休眠和促进萌发等生理效应。

（2）植物生长调节剂

植物激素在植物体内含量甚微，因而在生产上的广泛应用受到了限制。生产上应用的主要是人工合成的、具有类似植物激素作用的有机化合物，称为植物生长调节剂，或植物生长调节物质，也称外源激素。实践证明，它们在种子萌发、防止落花落果、控制性别转化、提早成熟等方面都有明显的作用。

1）生长促进剂

合成生长素类：合成生长素类是农业上最早应用的生长调节剂。现在人工合成了多种生长素类的植物生长调节剂，常用的有：2，4，5—三氯苯氧乙酸、吲哚丁酸、萘乙酸、甲苯氧乙酸和吲哚丙酸等。

细胞分裂素类：常用的有激动素、6—苄基腺嘌呤两种。

赤霉素类：生产上应用最多的是 GA3。近年来有 GA4 ＋ 7 混合物和 GA1 ＋ 2 混合物。

2）生长抑制剂

三碘苯甲酸：三碘苯甲酸可阻止生长素运输，抑制顶端分生组织细胞分裂，消除顶端优势，促进侧芽萌发，抑制生长，使植株矮化。

整形素：整形素能抑制顶端分生组织细胞分裂和伸长、茎伸长和腋芽滋生，使植株矮化，呈灌木状，常用来塑造木本盆景。

青鲜素：青鲜素也称马来酰肼，也叫顺丁烯二酸酰肼，其作用与吲哚乙酸相反。因其结构与 RNA 的组成成分尿嘧啶非常相似，青鲜素进入植物体内可代替尿嘧啶的位置，但不能起代谢作用，破坏了 RNA 的生物合成，从而抑制了生长。青鲜素可用于控制烟草侧芽生长、抑制鳞茎和块根在贮藏中发芽。据报告显示：青鲜素可引起实验动物的染色体畸变，应该慎用。

3）生长延缓剂

PP333：又名氯丁唑，俗称多效唑，是 20 世纪 70 年代推出的新型高效生长延缓剂，其生理作用主要是阻碍赤霉素的生物合成，同时加速植物体内生长素的分解，从而减缓细胞的分裂与伸长。PP333 被广泛用于果树、蔬菜和大田作物，可使植株根系发达，植株矮化，茎秆粗壮，并可以促进分枝，增穗增粒，增强抗逆性等，另外还用于海桐、黄杨等绿篱植物的化学修剪。

矮壮素：矮壮素又名 CCC，也叫 2—氯乙基三甲基氯化铵。CCC 可抑制赤霉素的生物合成过程，它与赤霉素作用相反，可以使植物节间缩短，植株变矮，茎变粗，叶色加深。CCC 可用于防止小麦等作物的倒伏，防止棉花徒长，减少蕾、铃脱落，增强作物抗寒、抗旱及抗盐碱能力。

Pix：俗称缩节胺、助壮素和皮克斯等。也叫 1，1—二甲基哌啶翁氯化物，其作用与CCC 相似，主要用于控制棉花徒长，使植物节间缩短，减少花、铃脱落。

Bo：又称阿拉。Bo 可抑制赤霉素的生物合成，抑制果树顶端分生组织的细胞分裂，使枝条生长缓慢，抑制新梢萌发，因此可代替人工整枝。同时，Bo 有利于花、芽分化，增加开花数和坐果率。

（3）植物激素间的相互作用

1）激素间的相对含量对生理效应的影响

由于各器官中存在着数种激素，所以决定生理效应的不是某种激素的绝对含量，而是各激素间的相对含量。

对器官和组织分化的影响。在组织培养中生长素与细胞分裂素不同的比值影响根和芽的分化，只有两种激素适当配合，才能使其生根或分化出芽。当细胞分裂素和生长素的比例高或有利于生长素的比例提高时，愈伤组织分化出芽；反之，则有利于分化出根；两者比例处于中间水平时，愈伤组织只生长，但不分化。赤霉素与生长素的比值影响形成层的分化。当比值高时，有利于韧皮部分化；反之，则有利于木质部分化；同时，两者的比值还控制着木质部和韧皮部内木质素和纤维素的合成。

对性别分化的影响。赤霉素可诱导黄瓜雄花的分化，但这种诱导可被脱落酸抑制。黄瓜茎端的脱落酸和 GA4 含量与花芽性别分化有关，当脱落酸 /GA4 比值较高时，有利于雌花分化；比值较低时，有利于雄花分化。在自然情况下，植物根部和叶片中形成的激素间是平衡的，因此，雄性植株和雌性植株出现的比例基本是相同的。

2）激素间的增效作用与对抗作用

增效作用：用吲哚乙酸和赤霉素处理去顶植株和离体芽鞘切段，比单独使用两种激素效果好，即表现出相互增效作用。

对抗作用：脱落酸与生长素、细胞分裂素、赤霉素之间存在对抗作用。生长素、细胞分裂素和赤霉素促进生长的效应可被脱落酸抑制，赤霉素诱导 e—淀粉酶的合成和对种子萌发的促进作用可被脱落酸抵消，CTK 抑制叶绿素、核酸和蛋白质的降解，从而抑制叶片衰老，而脱落酸则抑制核酸、蛋白质的合成，并提高核酸酶的活性，促进核酸的降解，使叶片衰老。脱落酸与细胞分裂素还可调节气孔的开闭，这些都证明脱落酸与三种激素间的对抗关系会影响某些生理效应。生长素与 GA 也有对抗的一面，如生长素促进插条生根的效应可被赤霉素抑制。生长素能抑制侧芽萌发，维持植株的顶端优势；而细胞分裂素却可消除顶端优势，促进侧芽萌发。

3）激素间的代谢与植物生长发育

赤霉素能促进蛋白质降解形成色氨酸，有利于生长素的形成，赤霉素还可抑制生长素氧化酶的活性，从而抑制生长素的氧化分解。因此，GA 可提高组织中的生长素含量。

较高浓度的生长素可促进乙烯的合成，但乙烯可促进生长素氧化酶的活性，从而抑制生长素的合成和极性运输。因此，在乙烯的作用下，生长素含量水平下降。从某种意义上来讲，植物的生长发育是通过乙烯与生长素的相互作用来实现的。

4）多种植物激素调节植物生长发育的顺序性

对大多数植物的种子而言，CTK 水平在胚发育早期总是最高的，此时细胞分裂的速率也最高。当种子进入快速生长时期时，CTK 水平下降，同时 GA 和 IAA 水平上升，而此时 ABA 几乎检测不到。当胚发育进入后期，GA 和 IAA 水平开始下降，ABA 水平却开始上升。在成熟种子的体积和干重达到最大时，ABA 水平也达到顶峰。这表明，ABA 在胚成熟阶段发挥重要的生理作用，而 GA 和 IAA 则在胚和种子生长阶段发挥作用，果实的生长成熟过程也有类似的情况。

（4）植物生长调节剂的使用原理与技术

1）影响植物生长调节剂使用效果的因素

植物生长调节剂对植物的生长发育有多方面的效应，但在实际应用时，有时效果好，有时效果不稳定，甚至有反作用，这是因为有很多因素影响生长调节剂的作用。这些因素可归纳为三方面：一是影响植物内源激素平衡的因素，二是影响药剂吸收和进入后的运转代谢的因子，三是应用技术。

影响植物体内源激素平衡的因素。如苹果矮化砧含抑制物较乔化砧多，短枝型苹果含 GA 少，乙烯多。不同的砧木、接穗组合，影响内源激素水平。幼叶含 GA 较多，老叶含 ABA 多，两者的相对数量影响植株或枝条的激素水平。吲哚乙酸形成以 20～30℃最适宜，过高或过低均受影响。紫外光可使 IAA 钝化或衰老，短日照下 IAA 含量下降；紫外光可诱导苹果果皮生乙烯，促进着红色。适宜的风造成的摇摆，类似物理方法摇摆植株，可使植株茎短缩，植株矮小，与乙烯作用类似。在干旱条件下，植物体内 ABA 和 ETH 含量都增加，而 IAA 含量下降；淹水使植物体内 ETH 和 ABA 含量增加而 CTK 含量下降。施肥可改变营养的分配，改变激素的平衡关系。如氮可增加植物体内 CTK、GA 和 IAA 的含量，磷影响 CTK 的含量，锌影响 IAA 的形成等。水过多或过少影响 ABA 的含量，水也影响矿质营养的吸收和光合作用，对激素平衡产生间接影响。改变枝条姿势、角度同时改变了激素平衡。如直立枝条 IAA 含量高，下垂枝含量少，水平枝居中。

2）影响生长调节剂吸收，运转和代谢的因素

生长调节剂的吸收。叶龄加大，蜡密度加大，影响药液进入；叶下表面比叶上表面吸收药剂多；光促进叶的吸收，在一定限度内，随温度升高，叶的吸收量增加。

生长调节剂的运输和代谢。一般来说，低浓度即有效，但在植物外部施用时，要用相当高的浓度，这是因为不同树种、品种对调节剂反应不同，从而使药剂进入树体后，产生运转和代谢的差异。

应用时应注意药剂浓度、施用次数、使用剂量、施用时期和方法等方面。

3）植物生长调节剂的合理应用

在实践中如何合理地应用植物生长调节剂来解决生产中的问题，是一个不容易掌握的难题。这是由于生产中有着某些相似的生理效应，又有着各自独特的作用方式；即使是同一种调节剂，也会因其使用浓度、部位、方法和时期不同，而产生不同甚至相反的效果。因此，在实际应用中，除了熟悉各种调节剂的基本知识和性能外，还需要掌握生长调节剂的应用策略。

要正确分析生产问题的实质，要了解作物的生长发育规律，运用植物生理学、生物化学和植物解剖学等知识，并结合现场考察，才有可能判断出问题的本质，有针对性地提出

合理的措施。

① 选择合适的生长调节剂。从实际出发，根据调节剂的性质和作用，选择效果显著，药害低，使用方便，价格便宜，残效期短，对人、畜安全的生长调节剂。每种调节剂虽有其独特的效应，但常常不全面，有局限性。因此，在生产中常采取与其他调节剂混合使用的方式，以达到取长补短的效果。如乙烯利可以矮化玉米株高、促进根系发育、抗倒伏，副作用是果穗发育受到明显的抑制，但若与 BR 混合喷施于雌穗小花分化末期的玉米植株，不仅保留了乙烯利的优点，同时促进了玉米果穗的发育、减少秃尖。植物生长调节剂混合使用是当前应用的新方向之一。

② 决定施用时期。实际应用生长调节剂时，根据待解决问题的发生时间提早喷施，以达到最佳效果。

③ 确定处理部位。根据实际问题确定处理部位，如用甲苯氧乙酸防止落花落果，应将药液涂抹于花朵上，以抑制花柄中离层的形成，如果用药液处理幼叶，就会造成伤害。又如用 NAA 或乙烯利刺激菠萝开花，一般直接将药液灌入筒状心叶中，以刺激花序分化，而不是全株喷洒或土壤浇灌。

④ 选择施用方式。根据所选择的调节剂进入植物体的最佳途径，来选择合适的施用方式。如一般喷施的 PP333 主要通过根部吸收进入植物体，可以选择将 PP333 施入土壤中。

⑤ 拟定施用浓度和次数。

⑥ 进行预备试验。作物的种类、品种、所处的土壤和气候环境等，均会影响调节剂的效果。此外，同一调节剂因生产厂家、批号及存放时间不同而存在差异。因此，即使所制定方案非常合理，在大规模应用前，还必须进行小规模或局部的预备试验。通常先以方案中设定药液处理 3～4 株供试植株，3～5 天后观察，若无烧伤和其他异常现象，即可用于大田，至少保证不会大规模地减产。

⑦ 配合其他栽培耕作措施。植物生长调节剂是对植物生长发育的某个环节进行调节的微量化合物，它不能代替肥料、农药及其他栽培措施而起作用。要使调节剂获得理想的效果，一定要与其他措施配合。

1.2.7 植物各生长期的营养特性

（1）植物营养连续性和植物营养阶段性

植物从种子萌发到种子形成的整个生长周期内，要经历许多不同的生长发育阶段。在这些阶段中，除前期种子营养阶段和后期根系停止吸收养分的阶段以外，其他阶段都要通过根系从土壤中吸收养分。植物通过根系从土壤中吸收养分的整个时期，就叫作植物的营养期。在此期内需要根系不间断地从土壤中吸收养分，称为植物营养的连续性。在植物的整个营养期内，不同的营养阶段对营养条件如营养元素的种类、数量和比例等，都有不同的要求，这就是植物营养的阶段性。

施肥时，既要满足植物营养连续性的需求，又要满足植物营养阶段性的需求。也就是说，在施肥时既要使植物在整个营养期内都能够吸收到足够的养分，同时还要考虑到各营养阶段的不同特点，做到基肥、种肥、追肥相结合，满足植物的营养需求，从而达到优质、高产、低成本、高效的目的。植物在不同生育期，其营养需求是不同的。某种营养条件在植物某个生育期内可能是正常的，但在另一个生育期内可能是不正常的。

一般植物吸收三要素的规律是：生长初期吸收量和强度都较低；随着生长期的推移，对营养物质的吸收逐渐增加；到成熟阶段，又趋于减少。不仅各种植物吸收养分的具体需求量不同，而且养分的种类和比例也有区别。

植物营养期间对养分的需求，有两个极其重要的时期，一是植物营养临界期，另一个是植物营养最大效率期，如能及时满足这两个重要时期对养分的需求，就能显著提高产量。

（2）植物营养临界期

植物生育过程中常有一个时期，对某种养分的需求在绝对数量上虽不多，但很敏感。此时如缺乏这种养分，对植物生育的影响极其明显，并由此而造成的损失，即使以后补施该种养分也很难纠正和补充，这一时期就叫植物营养临界期。

大多数植物的磷素营养临界期都在幼苗期，如棉花在出苗后 10 ～ 20 天，玉米在出苗后一星期左右（三叶期）。植物氮素营养临界期则常比磷素营养临界期稍向后移，通常在营养生长转向生殖生长的时期，如冬小麦在分蘖和幼穗分化期，棉花在现蕾初期，玉米在幼穗分化期。

（3）植物营养最大效率期

植物生长发育过程中，还有一个时期，植物需要养分的绝对数量最多，吸收速率最快，所吸收的养分能最大限度地发挥其生产潜能，增产效率最高，这就是植物营养最大效率期。此期往往在植物生长的中期，此时植物生长旺盛，从外部形态上看生长迅速，植物对施肥的反应最为明显。玉米氮素最大效率期在大喇叭口期到抽雄初期，小麦在拔节到抽穗期，棉花在开花结铃期，苹果结果树在花芽分化期，大白菜在结球期。

植物营养临界期和最大效率期是植物营养和施肥的两个关键时期，在这两个阶段内，必须根据植物本身的营养特点，满足植物养分状况的需求，同时还必须注意植物吸收养分的连续性，才能合理地满足植物的营养需求。

1.3　植物的生长发育和调控

植物的生长发育是一个极其复杂的过程，是在各种物质代谢的基础上，表现为发芽、生根、长叶、植株生长、开花、结果、衰老、死亡的过程。高等植物生长发育受到一系列内外因素的调节。

1.3.1　植物的营养生长和调控

植物的营养生长是十分重要的过程。如以营养器官为收获物，则营养器官的生长直接影响产量；如以生殖器官为收获物，由于生殖器官的形成和发育所需要的养料，绝大部分是营养器官供给的，则营养生长对生殖器官生长影响极大。任何植物的营养生长都是从种子的休眠和萌发开始的。

1.3.2　植物的生殖生长和调控

植物开花所需要的条件比营养生长的条件更为特殊和严格，只有满足温度和光周期等特殊条件后，才能诱导花的形成。

（1）温度

在温带地区，将秋播的冬小麦改为春播，仅有营养生长而不会开花，但如果在春播前给以低温处理（例如把开始萌动的种子放在瓦罐中置冷处 40 ～ 50 天），然后春播，便可在当年夏季抽穗结实。这种需要经过一定的低温后才能开花结实的现象叫作春化现象，人工使植物春化叫作春化处理，例如处理萌动的种子，使其完成春化：将温室的植物部分枝条暴露在玻璃窗外低温处理，这部分枝条可以提前开花。各种植物春化阶段所需要的低温范围和时间长短是不同的，如大多数二年生花卉在 0 ～ 10℃，在 10 ～ 30 天春化。春化快慢，还取决于植物的品种和所处的环境条件。从分期播种的方法可以看出：南方的冬性较弱的品种，春化阶段的温度可稍高些，进行时间也可短些；而春性品种春化的温度可以更高，时间也可以更短。也有许多的植物，对春化的温度要求不严格，其生育期即使不经过春化阶段，也能开花，只是开花延迟或开花减少。如秋播花卉三色堇、雏菊等若改为春播，花期会由原来的 3 月、4 月延迟至 5 月后，开花量也会减少。

（2）光周期

在自然条件下白天与黑夜总是交替进行，在不同纬度地区和不同季节，昼夜的长短发生规律的变化，这导致日照长短有周期性的变化，也叫光周期。光周期对于很多植物从营养生长到花的形成都有决定性的影响。例如翠菊在昼长夜短的夏季，只有枝叶的生长，当进入秋季，日照出现昼短夜长时，才出现花蕾，这种日照长短影响植物成花的现象叫光周期现象。不同植物对光周期的反应不同，其反应类型可分为 3 种：

1）长日照植物。在长日照植物某一生长阶段内，每天日照时数需要大于一定限度（或黑暗时数短于一定限度）才能开花，而且在一定限度内，每天日照时间越长，开花就越早。如果在日照短、黑暗长的环境里，长日照植物则只进行营养生长而不形成花芽。这类植物原产地多在高纬度地区，其花期常在初夏前后，如石竹、金光菊、唐菖蒲、紫茉莉、鸢尾、紫罗兰、月见草等。

2）短日照植物。在短日照植物某一生长阶段内，每天日照时数小于一定限度（或每天连续黑暗时数大于一定限度）才能开花。而且在一定限度内，黑暗时间越长，开花越早。这类植物原产地大多在低纬度地区，其花期常在早春或深秋，如一品红、菊花、叶子花、蟹爪莲、大豆、烟草、大麻等。

3）日中性植物。日中性植物成花对光周期没有严格要求，只要其他条件适宜，无论日照时数长短都能开花，如天竺葵、仙客来、香石竹、马蹄莲、凤仙花等。

1.3.3 植物的成熟、衰老和调控

当植物受精后，受精卵发育成胚，胚珠发育成种子，子房壁发育成果皮，就形成果实。种子和果实形成时不只是形态上发生很大变化，在生理生化上也发生剧烈的变化。果实、种子长得好坏对植物下一代的生长发育有很重要的关系，同时也决定作物产量的高低、品质的好坏，所以这方面的研究在理论上、实践上都有重大的意义。

（1）种子的成熟和调控

种子成熟时的生理变化。种子成熟的过程就是受精卵发育成胚的过程，同时也是种子内积累贮藏物质的过程。在这个过程中，种子含水量、呼吸强度、干物质和酶的活动都发

生一系列的变化。在种子形成的初期，呼吸作用旺盛，因此有足够的能量供应种子的生长和有机物的转化和运输。随着种子的成熟，呼吸作用便逐渐降低，代谢过程也逐渐减弱。种子成熟时物质的转化大致与种子萌发时的变化相反。随着种子体积的增大，由其他部分运来的有机养料是一些较简单的可溶性有机物，如葡萄糖、蔗糖、氨基酸及酰胺等。这些有机物在种子内逐渐转化成为复杂的、不溶解的有机物，如淀粉、脂肪及蛋白质。

外界条件对种子成熟过程和化学成分的影响。尽管遗传性决定着种子有特有的化学成分，但外界条件还是通过对基因的调控影响着种子的成熟过程和它们的化学成分。风干不实现象就是干燥与热风使种子灌浆不足，我国河西走廊的小麦常因遭遇这种气候而减产。叶片细胞必须在水分充足时才能进行物质的运输。在干风袭来造成萎蔫的情况下，同化物便不能继续流向正在灌浆的籽粒。此外，在正在成熟的籽粒中，如果水分充足则合成酶活性占优势，有机物质才能在其中积累起来。当缺水时，水解酶活性增强，这就妨碍了贮藏物质的积累。同时由于水分也不再被输送到籽粒中，籽粒便发生干缩和过早成熟的现象。即使干风过后，植株也不能像以前那样将各种营养物质供给籽粒，因此造成籽粒瘦小，产量大减。

（2）果实的成熟和调控

果实成熟发生的变化。肉质果实在形成时伴随着营养物质的积累和转化，果实成熟时在色、香、味等方面发生以下变化：果实由酸变甜、由硬变软、涩味消失。在果实形成的初期，从茎、叶运来的可溶性糖转变成淀粉贮积在果肉细胞中，果实中还含有单宁和各种有机酸，这些有机酸包括有苹果酸、酒石酸等，同时细胞壁含有很多的不溶性的果胶物质，故未成熟的果实往往硬、涩、酸，没有甜味。随着果实的成熟，淀粉再转化成可溶性的糖，一部分有机酸发生氧化被用于呼吸；另一部分有机酸被转化成糖，故有机酸含量降低；单宁则被氧化，或凝结成不溶性物质而使涩味消失。果胶物质则转化成可溶性的果胶酸等，可使细胞彼此分离。因此，果实成熟时，具有甜味，而酸味减少，涩味也消失，同时由硬变软。

香味的产生。果实成熟时还会产生微量的具有香味的脂类物质，如乙酸、乙酯和戊酯等，使果实变香。

色素的变化。许多果实在成熟时由绿色逐渐变为黄色、橙色、红色或紫色。这是由于叶绿素的破坏，使类胡萝卜素的颜色显现出来；另一方面则是花青素形成的结果。较高的温度和充足的氧气有利于花青素的形成，因此果实向阳的一面往往着色较好。

（3）影响落花、落果的生理原因

在正常条件下，老叶与成熟果实的脱落是器官衰老的自然现象。但在营养失调、干旱、雨涝及病虫害等因素的影响下，可使器官未长成或提早脱落，给生产带来严重损失，因此应设法防止。花和果实的脱落与这些器官的基部形成离层有关：由于离层的胞间层，甚至初生壁或整个细胞被溶解，在重力的作用下，器官便脱落。

1）受精和激素对花、果脱落的影响。对一般植物来说，受精是种子和果实发育的必要条件；如果不受精，花开后便要脱落，所以凡能影响受精的条件都能使花果脱落。一般认为，受精后子房、胚或胚乳会产生较多促进生长的激素，如细胞分裂素、生长素、赤霉素等。这些激素能促进营养物质向果实和种子运输，因此不但能促进果实和种子的生长，而且有抑制离层形成的作用，能防止花果的脱落。而在果实、种子发育的某些时期，特别是后期，乙烯和脱落酸的含量增加，脱落酸可促进离层的形成，促进器官脱落，乙烯能促进果实成熟，也能促进脱落。因此，果实的形成与脱落，是各种激素相互作用的结果。

2）营养对花果脱落的影响。果实和种子的形成需要大量营养物质，如果营养不良，果实的发育就会受到影响，甚至发生脱落。落果主要是由于营养失调所引起的，通常有两种情况：一是由于肥水不足，植物生长不良，光合面积小，光合能力弱，光合产物少，不能满足大量花果生长的需要；另一种情况是水分和氮肥过多，营养生长过旺，光合产物大量消耗在营养生长上，使花果得不到足够的养分，这样在植株前期有花果大量脱落。上述两种情况虽然不同，但都是由于营养失调，花果得不到足够的营养造成的。至于干旱、高温、光照较弱、病虫害等造成的落花落果，主要也是受这些因素影响，出现营养失调引起落花、落果。

1.3.4 植物的衰老和调控

（1）植物衰老和衰老的形式

衰老是导致植物自然死亡的一系列恶化过程。在季节性变化明显的地区，如温带，随着气候条件的变化，植物的活跃生长总是与休眠相互交替进行。在不适合的季节，植物有整株的休眠或部分器官的衰老或脱落。植物按其生长习性以不同方式衰老：一、二年生植物在开花结实后，整株衰老和死亡；多年生草本植物，地上部分每年死去，根系和其他地下系统仍然继续生存多年；多年生木本植物的茎秆和根生活多年，但是叶和繁育器官每年同一时间或逐渐衰老脱落。另外，在组织成熟的过程中，有些细胞，已衰老和死亡，而整株植物仍处于旺盛生长阶段。不同花器官有各自特殊的衰老形式：花瓣是最初脱落和死亡的，雄蕊一般在放出花粉后就衰老和脱落，整个雄花也是如此；雌花如果未授粉和受精也会很快衰老脱落。果实成熟后衰老而且脱离母体，从种的繁衍来说是有利的，对人类生产来说正好达到收获的目的。

（2）影响植物衰老的因素

1）衰老的激素调节。在植物成熟和衰老组织中有各种不同浓度激素的存在。施用植物激素在衰老器官，可以加速器官衰老或延迟衰老，这与施加物质的种类和浓度有关。细胞分裂素对许多草本植物有效，赤霉素对阻止蒲公英和白蜡树的衰老有效。在衰老期间，赤霉素水平逐渐降低。低浓度吲哚乙酸可延迟大豆叶片衰老，吲哚乙酸也可阻碍有些树木的衰老，但对有些树木则无效。脱落酸和乙烯对衰老也有促进作用。用脱落酸处理许多种植物的离体叶子，可以导致衰老加速。因为脱落酸可抑制蛋白质合成，加速叶片中RNA和蛋白质分解，促使气孔关闭。在土壤干旱和黑暗条件下，植物体内脱落酸增加，也可加速器官衰老。乙烯可促进果实成熟，也可促进离体叶片衰老，但效果不及对果实的效果明显。

2）环境因素对植物衰老的影响。有些环境因素可促进植物衰老，如高温、缺水、缺氮或各种矿质、电离辐射、病原体和短日照。在有些情况下，外界因素影响了植物激素的水平，从而导致植物器官衰老。比如，干旱时随叶片中脱落酸增加，叶子发生衰老。高温下随着根合成的细胞分裂素的减少，叶片开始衰老。短日照也是引起植物衰老的重要环境因素之一。

1.4 生物多样性和植物的分类

生物多样性是描述自然界多样性程度的概念。现在人们对其有多种定义，一般可以概括为：地球上所有的生物（动物、植物、真菌、原核生物等）所包含的基因，以及这些生物与环境相互作用所构成的生态系统的多样化程度。

1.4.1 生物多样性的含义和重要性

生物多样性是人类社会赖以生存和发展的基础，它为我们提供了食物、纤维、木材、多种工业原料等物质资源，也为人类生存提供了适宜的环境，它们维系自然界中的物质循环和生态平衡。因此，研究生物多样性具有极其重要的意义。当前生物多样性已成为全球人类极为关注的重大问题，因为全球环境的恶化以及人类对自然掠夺式的开发和破坏，生物物种正在以前所未有的速度减少和灭绝。

生物多样性是人类社会赖以生存和发展的基础。我们的衣、食、住、行及物质文化生活的许多方面都与生物多样性的维持密切相关。

1）首先，生物多样性为我们提供了食物、纤维、木材、药材和多种工业原料。我们的食物全部来源于自然界，维持生物多样性，我们的食物品种才能不断丰富；人民的生活质量才会不断提高。

2）生物多样性还在保持土壤肥力、保证水质、调节气候等方面发挥重要作用。黄河流域曾是孕育中华民族的"摇篮"，几千年以前，那里还是一片十分富饶的土地，树木林立，百花芬芳，各种野生动物四处出没。但由于长期的战争和人类过度地开发利用，这里已变成生物多样性十分贫乏的地区，到处是黄土荒坡，遇到刮风的天气便是飞沙走石，沙漠化现象十分严重。近年来因人工植树，"三北防护林"工程等建设，生物多样性得到了一定程度的恢复，沙漠化程度得到遏制，森林覆盖率逐年上升，环境不断得到改善。

3）生物多样性在大气层成分、地球表面温度、地表沉积层氧化还原电位以及 pH 值的调控等方面发挥着重要作用。例如，地球大气层中的氧气含量为 21%，供给我们自由呼吸，主要归功于植物的光合作用。在地球早期的历史中，大气中氧气的含量要低很多。据科学家估计，假如断绝了植物的光合作用，那么大气层中的氧气，将会由于氧化反应在数千年内被消耗殆尽。

4）生物多样性的维持，将有益于一些珍稀濒危物种的保存。我们都知道，任何一个物种一旦灭绝，便不可能再生。如今仍生存在我们地球上的物种，尤其是那些处于灭绝边缘的濒危物种，一旦消失，人类将永远丧失这些宝贵的生物资源。而保护生物多样性，特别是保护濒危物种，对于人类后代，对科学事业都具有重大的战略意义。

1.4.2 植物资源的合理开发利用

我国是世界上生物多样性丰富的国家之一。此外，中国的生物多样性还具有特有性高、珍稀和孑遗植物较多、生物区系起源古老、经济物种丰富等特点。我国拥有的著名孑遗植物有水杉、银杉、银杏等。同时，我国的生物物种也有不少种类处于濒危状态（据不完全统计，苔藓植物中有 28 种，蕨类植物中有 80 种，裸子植物中有 75 种，被子植物中有 826 种）。中国作为世界三大栽培植物起源中心之一，有相当数量的、携带宝贵种质资源的野生近缘种，其中，大部分已受到严重威胁，形势十分严重。因此，加强对生物多样性的研究和保护是全国人民的紧迫任务，更是生物科学工作者的历史使命。

园林植物资源是栽培（植物的驯化）和野生、半野生（由栽培变为野生、逸生）观赏植物的总称，是园林植物的种质资源，是植物造景的基本素材。我国陆地区域辽阔，地理、气候和自然生态环境复杂多样，自南至北地跨热带、亚热带、温带和寒带，自东到西有海洋性湿润森林地带，有半湿润半干旱森林和草原过渡地带，有大陆性干旱半荒漠和荒漠地带，南北跨纬度50°、东西跨经度62°，海拔梯度跨度8000m以上，使得中国成为北半球乃至全世界唯一具有各类植被类型的国家，也是世界上植物资源丰富的国家之一。我国高等植物不但物种丰富度高，并且具有特有种属多、栽培植物种质资源丰富等特点，在全球植物多样性中具有十分重要的地位。

（1）我国园林植物资源的特点

中国地域辽阔，自然条件复杂，地形、气候土壤多种多样，因此，既有热带、亚热带、温带、寒温带的观赏植物，又有高山、岩生、沼生以及水生的观赏植物，资源十分丰富，是世界八大观赏植物原产地分布中心之一，素有"园林之母""花卉王国"的美誉。

1）种类繁多

中国拥有高等植物3万多种，仅次于马来西亚和巴西，居世界第3位。世界种子植物中含有万种以上的兰科、菊科、豆科和禾本科4个特大科，在中国均有千种以上。许多著名观赏植物主要分布在我国，如山茶属全世界共有120种，我国拥有97种，杜鹃花属全世界共有1000种，我国拥有571种，报春花属全世界共有500种，我国拥有300种。裸子植物中，全世界共有12科71属约800种，我国原产的有10科33属约185种，其中有9个属半数以上的树种产于中国，包括油杉属（共11种，我国有9种）、落叶松属（共18种，我国有10种）、杉木属（共3种，均原产我国）、台湾杉属（共2种，均原产我国）、柳杉属（共2种，我国有1种）、侧柏属、福建柏属（仅1种，原产我国）、三尖杉属（共9种，我国有7种）和穗花杉属（共3种，均原产我国）。

2）特有、珍稀植物多

我国不仅是世界植物物种多样性最丰富的国家之一，而且拥有众多特有植物分类群。我国大部分地区在中生代已上升为陆地，第四季冰期又未遭受大陆冰川的直接影响，成为植物"避难所"，保存了很多其他地区已经灭绝的白垩纪、第三纪古老子遗植物，如银杏、水杉、银杉、水松、鹅掌楸、杜仲、桫椤、金钱松、香果树、红豆杉等。高等植物中的特有科有银杏科、杜仲科、伯乐树科等，特有属约有256个，其中具有较高观赏价值的有青钱柳属、秤锤树属、蜡梅属、珙桐属、山桐子属、猬实属等。特有种的比率则高达50%～60%，约15000～18000种。

3）类型丰富

由于我国得天独厚的自然环境条件，形成了众多变异类型植物。如牡丹在宋朝时品种曾达到600～700个；梅花拥有直枝梅类、垂枝梅类、龙游梅类、杏梅类等多种类型300多个品种；桂花有金桂、银桂、丹桂和四季桂4种类型150多个品种；凤仙花有极矮型（20cm）、矮型（25～35cm）、中型（40～60cm）和高型（80cm以上）4种类型200多个品种。我国其他传统名花品种资源也十分丰富，如月季有上万个品种，山茶花有300多个品种，菊花品种更是达3000多个。以杜鹃属为例，其植株习性、形态特点和生态要求等差别极大，变幅甚广，既有极为低矮的灌木如高仅为 5 ～ 10cm 的平卧杜鹃，也有高达 25m 的大树杜鹃；既有耐干旱的如大白花杜鹃和马缨杜鹃，也有喜湿的如淡黄杜鹃；另外，该属植物在花序、花形、花色、花香等方面差异也很大。

　　4）品质优良、特色突出

　　我国观赏植物遗传多样性丰富，奇异品种多，并在长期的栽培中培育出独具特色的品种及类型。如四季开花者有月季花及其品种"月月红""月月粉"、四季桂、四季荷花、四季丁香等；早花种类及品种有梅花、蜡梅、迎春、瑞香、冬樱花；另外还有不少杂交育种的珍贵种质资源，如红花含笑、黄香梅等。

（2）我国园林植物资源对世界的贡献

　　我国的园林植物资源丰富，丰富了世界各国的园艺。早在 5 世纪，荷花经朝鲜传入日本；大约 8 世纪，梅花、牡丹、菊花、芍药等东传日本；茶花于 14 世纪传入日本，17 世纪又至欧美。各国植物学家从 16 世纪开始，就纷纷来华搜集园林植物资源，如紫藤、棣棠、南天竹、珙桐、血皮槭、山玉兰、大树杜鹃等数千种园林植物。自 1899 年起，亨利·威尔逊先后受英国威奇安公司和美国哈佛大学的委托，曾 5 次来中国搜集野生植物。在长达 18 年的时间里，他的足迹遍布川、鄂、滇、甘、陕、台诸省，共搜集植物种类达 1200 种，采集蜡页标本 65000 份。威尔逊于 1929 年在美国出版了他在中国采集的记事，书名叫作《中国·花园的母亲》，书中写道："中国的确是花园之母，因为一些国家中我们的花园都深深受惠于她所提供的优秀植物，从早春开花的连翘、玉兰；夏季的牡丹、蔷薇；到秋天的菊花，显然都是中国贡献给世界园林的珍贵资源。还有现代月季的亲本，温室杜鹃、樱草，吃的桃子、橘子、柠檬、柚都是。在美国或欧洲的园林中无不具备中国的代表植物，而这些植物都是乔木、灌木、草本、藤本行列中最好的。"从此，中国便以"世界花园之母"而闻名于世。

　　我国观赏植物在欧美园林中占有十分重要的地位。大量源于中国的观赏植物不但装点着西方园林，并且以其为亲本，培育出许多优良杂种或品种。一百余年来，英国从中国集中地引进了数千种园林植物，大大丰富了英国公园中的四季景色和色彩，展示了中国稀有、珍贵的花木。在一些专类园中，如墙园、蔷薇园、杜鹃园、槭树园、牡丹芍药园、岩石园中都起到重要的作用，增添了公园中的四季景观和色彩。英国邱园的槭树园中收集了近 50 种来自中国的槭树，成为园中优美的秋色树种，如血皮槭、青皮槭、青榨槭、红槭、鸡爪槭等；岩石园中常用原产中国的栒子属植物和其他球根、宿根花卉及高山植物来重现高山植物景观，如匍匐栒子、平枝栒子、黄杨叶栒子、长柄矮生栒子、小叶栒子等。

　　综上所述，我国植物种质资源极为丰富，也有着悠久的园林植物栽培历史，园林植物文化十分发达，为世界观赏园艺的发展作出了重要贡献。但是，我国花卉业却十分落后，目前商品花卉和园林植物品种绝大多数从国外引进。据估计，商品花卉生产中约有 90% 的品种是从国外引进的，如香石竹类、唐菖蒲类、郁金香类、菊花类、南洋杉类、樱花类和现代月季等。我国已故的梅花专家、中国工程院院士陈俊愉提到现阶段的情况是"捧着金饭碗讨饭吃"，说明中国园林植物种质资源多数仍未被有效地开发利用。

1.4.3　植物分类的方法

　　地球上植物有 50 万种，而高等植物有 35 万种以上，人们可以利用植物亲缘关系的知识，进行植物的引种、驯化和培育，以及寻找植物资源等。

植物分类学是一门历史悠久的学科，其主要内容是对各种植物进行描述记载、鉴定、分类和命名，是各种应用植物学的基础学科，也是园林植物研究应具备的基础。

（1）分类方法

1）人为分类法

为了人们的使用方便，选择植物的一个或几个形态特征、生长习性、经济用途等作为分类标准的分类方法。如瑞典植物学家林奈根据植物雄蕊数目划分一雄蕊纲、二雄蕊纲等。

2）自然分类法

达尔文认为物种起源于变异与自然选择，从而得知复杂的物种大致是同源的。物种表面上相似程度的差别，能显示它们的血统上的亲缘关系。因而，有了根据植物的亲疏程度作为分类标准建立的分类系统，称为自然分类系统。所用的分类方法称为自然分类。

今天，分类学的主要组成部分仍然是以植物形态学及解剖学方面的资料为基础，加上植物地理学的知识组成的。

3）细胞遗传学—物种生物学

主要研究植物细胞染色体的信息、多倍化、杂交系和繁育行为，确定物种间及种下居群的亲缘关系。

4）化学分类法

主要研究植物体的化学成分，特别是生物大分子的资料，评价植物类别的种系发生关系，建立以化学信息资料为基础的化学分类系统。

5）数量分类法

通过对已有的植物信息资料，应用计算机进行数量统计分析，客观地比较各组资料间的关系，重建进化关系，判断性状和器官的进化趋向。

（2）分类的基本单位

1）植物分类的等级（表1-4-1）

植物分类的等级　　　　　　　　　　　　　　　　　　表1-4-1

界 Regnum–kingdom	例如：碧桃属于 ● –界：植物界
门 Divisio–Division	● –门：被子植物门
纲 Classis–Class	● –纲：双子叶植物纲
目 Ordo–Order	● –亚纲：离瓣花亚纲
科 Familia–Family	● –目：蔷薇目
族 Tribus–Tribe	● –亚目：蔷薇亚目
属 Genus–Genus	● –科：蔷薇科
组 Sectio–Section	● –亚科：李亚科
系 Series–Series	● –属：李属
种 Species–Species	● –亚属：桃亚属
变种 Varietas–Variety	● –种：桃
变形 Forma–Form	● –变种：碧桃

注：如果需要，可以加亚（sub）。

2）种和品种

种是植物分类的基本单位。同种植物的个体，起源于共同的祖先，有近似的形态特征，且能进行自然交配，产生正常的后代。既有相对稳定的形态特征，又不断地发展演化。

品种是基于经济意义和形态上的差异，而不是植物分类中的一个分类单位，它是人类在生产实践中，经过培育或被人类所发现的，不存在于野生植物中。

3）命名的方法

每种植物，各国都有不同的名称，就是在一国之内，各地的名称也不相同。因而就有同名异物、异物同名的混乱现象，造成识别植物、利用植物、交流经验等的障碍。

瑞典科学家林奈于 1860 年提出了双名法。具体命名方法是：第一个是属名（名词），第二个为种名形容词（种加词），后边再加上定名人的姓氏或姓名缩写。这是国际上统一的名称，称为学名，是由《国际植物命名法规》规定的。

1.5　植物与环境生态的关系

植物与环境的生态关系并非以个体的形式与环境相互作用，而是在植物群落中以群落的有机整体与环境发生相互作用。因此，园林植物栽培和造园就应该从植物群落角度着手，弄清植物群落的结构特征、发育规律以及群落内植物与植物间、植物与其他生物间、植物与环境之间存在的各种相互关系，从而营建符合生态规律的、相对稳定的人工植物群落。园林中的花坛、公园绿地、风景林等人工植物群落，就是人类在认识自然的基础上，建立起来的植物群落。植物群落按其在形成和发展过程中与人类栽培活动的关系，可分为两类：一是植物自然群落（在自然界中植物自然形成的群落，称为自然植物群落），二是植物人工群落（由人工栽培形成的群落，称为植物人工群落或栽培群落）。

植物的生活离不开环境。种子从萌发、生长、开花、结实，自始至终需要光照、温度、水分、基质等各种环境条件。支持植物生活的环境条件是在生物进化的过程中形成的。

1.5.1　植物与生态因子

植物对环境条件有一定的要求和适应能力，凡是对植物的生长有影响的生态条件，如温度、水分、光照、空气、土壤等称作生态因子。这些生态因子对植物生长发育的影响是综合性的，也就是说，植物总是生活在一个综合生态因子有机组合的环境之中，缺少任何一个因素植物均不可能正常生长。

环境中的因素是相互联系、相互制约的，而不是孤立的，如温度的高低受光照强度影响，而光照强度同样受到大气温度、云雾等影响。尽管组成环境的所有生态因子都是植物生长发育所必需的、缺一不可的，但对某一种植物，甚至植物的某一个生长发育阶段的影响，有时是 1 ~ 2 个因子起决定性作用的，这种起决定作用的因素被称为"主导因子"。

1.5.2　植物在生态系统中的作用

（1）植物是生态系统中最重要的生产者

绿色植物通过光合作用将无机物（CO_2、H_2O 和无机盐类）合成有机物，将太阳能转化成化学能。太阳能也只有通过生产者，才能源源不断地进入生态系统，成为消费者和分解者唯一的能量来源。地球上每年有机物的生产量有 99% 是植物生产的，这些物质是生态系统中其他生物赖以生存的物质基础。

（2）植物为其他生物创造和维持着生存环境

生态系统中的各种生物种类、种群数量、种的空间配置（水平和垂直分布）、种的时间变化（发育和季相）及其生物种群之间的营养关系网构成了生态系统的形态结构和功能结构，而植物群落的时空结构往往对生态系统的形态结构起着决定性的作用。实际上，其他动物和微生物等也同样具有各自的空间活动范围，植物群落越复杂，生态环境差异越大，动物和微生物的种类就越丰富。同样，植物群落的水平分布和时间变化也决定了其他生物的水平分布和时间变化，由此也构成了生态系统中的形态特征。

（3）植物是有机物质和能量的贮存者

和动物一样，植物也是由物质组成和由能量维持的生命有机体。在陆地上和水体中有大量的植物生物量，贮存着大量的有机物质和能量。

（4）植物是物质循环中的重要成员

植物不仅进行光合作用，将 CO_2、H_2O 合成有机物，同时释放 O_2，保持着地球环境 CO_2、O_2、H_2O 的平衡和循环。植物还通过吸收环境中无机物质，合成各种生物体内物质，保障消费者和还原者的物质供应。

（5）植物是地球生物演化中的先锋种类

植物是地球上早期出现的生物，只有植物的存在才能为动物提供食物的来源。在群落旱生原生演替中，地衣、苔藓属于早期出现的生物体，而后是草本植物、木本植物，最终到达演替的顶级。

第2章 育苗基础知识

2.1 园林植物繁殖基础知识

（1）繁殖培育

苗木繁殖和推广优良树种，培育当地园林绿化需要的优质壮苗。培育苗木的重要内容之一是大苗的培育。

（2）选择繁殖

在了解各种育苗方法，如播种繁殖、扦插繁殖、嫁接繁殖、压条繁殖、分株繁殖等的基本原理和技术后，结合本地区的苗木繁殖实践，从实际出发，针对各种树种和品种的特性探索最适宜的繁殖方法，一方面可提高苗木的繁殖成活率，另一方面可降低育苗成本，提高苗圃的经济效益。

（3）收集资料数据

在培育苗木的同时，需要收集各种资料和数据，积累大量的生产经验，为苗圃的可持续发展提供理论支持。

2.1.1 苗木有性繁殖

在苗木生产中有性繁殖占有重要地位，苗木是用种子繁殖所得，长成的苗叫实生苗。有性繁殖主要特点如下：

1）繁殖速度快：利用种子繁殖，一次可获得大量苗木。

2）苗木抗性强：实生苗生长旺盛，对不良环境条件的抗性较强。

3）幼苗可塑性强：用种子繁殖的幼苗，具有遗传性，又有变异性。

4）发育阶段长：有性繁殖的幼苗，发育阶段由种子萌芽开始，比无性繁殖苗年轻，故开花结实较晚，但寿命长。

2.1.2 苗木的无性繁殖

无性繁殖是以母株的营养器官如根、基、叶、芽等植物的一部分来繁殖新植株的方法，它是利用植物的再生能力以及与另一植株通过嫁接的方法来进行繁殖的。用无性繁殖方法生产的苗本称为营养繁殖苗；用无性繁殖所形成的优良品系，称为无性系。

近年来，细胞学发展很快，可以使植物体任何一部分活组织甚至是单细胞再生成一个完整的植株，即利用组织培养方法获得优良无性系。

无性繁殖苗的主要特点有：① 遗传性稳定，其性状与母体性状保持一致。② 能提早开花结果，新植株的个体发育阶段是在母体该部分的基础上继续发育，成活后生长快。许多园林植物是变种、变态、变异、畸形等品种，如果用种子繁殖，其遗传性能极不稳定，有的雌蕊退化，有的就是不孕花、不结籽。用无性繁殖方法可以对这些品种进行大量繁殖。

有些无性繁殖苗也有不足，例如：扦插月季不如月季种子繁殖的播种苗根系好、寿命长、抗性强。

苗圃采用无性繁殖的方法有扦插、嫁接、埋条、分株和压条等。

2.2 育苗方法

园林苗木的繁殖方法分为有性繁殖和无性繁殖两大类。有性繁殖即播种繁殖，是最常用和最基本的方法，播种繁殖的苗木称为播种苗或实生苗。实生苗根系发达，有利于苗木的生长，对不良环境适应性强，但遗传特性不稳定，不能保留园艺品种的优良特性。无性繁殖又称营养繁殖，是利用母株的营养器官（如根、茎、叶）的一部分繁殖苗木的方法，主要是利用植物的再生和分生能力及与另一植物的亲和力来进行繁殖，此法繁殖的苗木称为扦插苗、嫁接苗、分株苗、组培苗等。营养繁殖最大的优点是能够保持母株的遗传特性，新株是在母株基础上继续发展，能提早开花结果，但寿命较短，抵抗不良环境的能力较差。在园林苗木的育苗中，常用的营养繁殖方法有扦插、嫁接、分株和压条等。

2.2.1 播种育苗

（1）播种时期

根据树种的生物特性和当地的气候条件确定。大部分地区一般树种以春、秋两季播种为主。南方多行秋播，北方大部分地区多行春播。

1）春播：在园林苗木生产中应用最广。春播的关键是掌握种子发芽出土的时间，以避开当地的晚霜。春播宜早，待地温能达到种子萌芽的要求即可播种。早播可增加生长时间，使树木提前木质化，增强抵抗不良环境的能力，提高苗木的产量和质量。

2）秋播：适于休眠期长或种皮坚硬、发芽较慢的种子，如山桃、山杏、榆叶梅等大粒种子，秋播能够起到低温沙藏和催芽的作用。在晚秋，冬季来临之前播种，注意越冬防护，一般需加厚覆土和灌冻水。

3）夏播：适于夏、秋成熟而寿命短、含水量大、不易贮藏的种子，如杨、柳等，随采随播。播前浇透水，播后经常灌水，保持土壤湿润。夏播宜早，以保证在冬季来临前树木能充分木质化。

4）冬播：适于我国南方冬季温暖、雨量充足的地区，实际上等于延迟秋播或提早春播。苗木发芽早，扎根深，抵抗不良环境的能力强。

（2）播种方式

有苗床育苗、大田式育苗和容器育苗3种。

1）苗床育苗一般适于生长缓慢、需要精细管理的种子或珍贵树种的种子。

2）大田式育苗将种子直接播于圃地，适合机械化生产，工作效率高。大田的通风和光照条件好，苗木生长健壮而整齐。

3）容器育苗，使用容器进行播种，幼苗标准化程度高，根系生长良好，最大的优点是起苗时不伤根，大大提高了苗木移栽的成活率，便于规模化操作。

（3）播种方法

有撒播、条播和点播等。

1）撒播适于小粒种子，如杨、柳、泡桐等，将种子掺上细沙一起播撒，可使播种均匀。由于出苗不成条带，不方便进行锄草、松土和防治病虫害等农事活动，而且小苗长高后会影响通风透光，所以最好改为条带撒播，播幅 10cm 左右，撒播不适合大面积播种。

2）条播是按一定的株行距将种子均匀地撒在播种沟里，适于中粒种子。苗木受光均匀，通风良好，生长质量较高。

3）点播适于大粒种子，按一定的株行距将种播在圃地上。一般行距不小于 30cm，株距不小于 10 ～ 15cm。将种子侧放，使其尖端与地面平行可利于出苗，覆土厚为种子直径的 1 ～ 3 倍。

2.2.2　扦插育苗

（1）母树喷施生根剂

采插穗前两三天对母本均匀喷施生根剂，通过幼芽和嫩皮吸收后在树体内进行传导，可使枝条中抑制生长的物质明显下降，萌芽力增强，插穗扦插后生根快。

（2）选择最佳取枝时间

剪取枝条以早晨进行为好，早晨花木枝条含水量充足，扦插后伤口愈合快，易生根，成活率高。

（3）选择花后枝扦插

花后枝养分含量最高，而且比较粗壮饱满，扦插成活率高，发根长叶快。

（4）壮枝带踵扦插

从新枝与老枝结合处下部两三厘米处剪下的枝条即为带踵插穗。其养分多，组织紧密，生根容易，扦插后成活率高，幼苗长势强。适用于桂花、山茶花、无花果等的扦插育苗。

（5）插穗插前剥刻处理

环剥：剪取插穗前 20 天，在准备作插穗的枝条基部环剥，宽 5 ～ 7mm，有利于插穗生不定根。纵刻伤：在难生根的花木采枝前一个月，刻伤母本树枝条，让枝条制造的营养物质最大限度存在枝条上，而不是回流到母本树体，为生根创造物质条件。

2.2.3　嫁接育苗

（1）嫁接时期

当接穗品种有真叶 5 ～ 7 片，第 3 ～ 4 片真叶处茎粗 0.3 ～ 0.4cm；砧木有真叶 6 ～ 8 片，第 2 ～ 4 片真叶处茎粗 0.3 ～ 0.4cm 时为最佳嫁接时期，一般为砧木播种后 60 ～ 70 天。

（2）嫁接方法

采用劈接法进行嫁接，具体操作步骤如下：

1）用刀片将接穗从第三节上水平切下，上部保留两叶一心。将断面削成斜面长 0.7 ～ 1cm 的双面楔形。

2）用刀片将砧木从地面以上 4 ～ 7cm 处第 2 ～ 4 节中间水平切断，再从切口中央向下垂直切开，深度 0.7 ～ 1.2cm。

3）除去砧木基部萌蘖及侧枝。

4）将接穗插入砧木切口。

5）用嫁接夹固定嫁接部位。

（3）注意事项

1）不宜在阳光直射处嫁接。

2）刀片要干净、锋利。

3）切面平直光滑，无泥土。

4）砧木切口与接穗切面要对齐、对直，勿使接穗削面外露。

5）嫁接前2～3天，给砧木营养钵充分浇水。

6）操作要干净利落，嫁接苗应立即移入嫁接苗床，并覆盖塑料薄膜保湿。

2.3 育苗技术

常规育苗是在苗圃中进行的，经播种或扦插培育出造林和绿化用的苗木。大田育苗劳动强度大，所需育苗周期较长，受自然环境影响大，苗木质量不易保证。而新兴的工厂化育苗技术，缩短了育苗周期，加快了育苗速度，大大提高了苗木质量，对提高造林成活率大有好处。但对于大多数集体和个体育苗经营者来说，成本低、技术相对简单的常规育苗仍然是其主要育苗的方向。

2.3.1 容器育苗技术

容器育苗是当今世界林业生产上一项先进育苗技术，它与裸根苗的不同之处在于育苗过程中使用了容器，苗木的根系在限定的范围或基质内生长。所谓容器是指盛装苗木和基质的载体；基质是指苗木根系生长和贮藏的场所或固定苗木的材料；在一定条件下，用盛装基质的容器来培育苗木称之为容器育苗，由此培育出来的苗木称之为容器苗。育苗容器见图2-3-1。

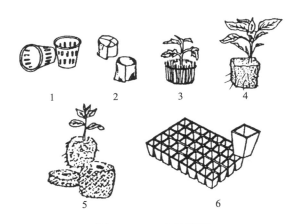

图2-3-1　育苗容器

1—塑料钵；2—纸钵；3—草钵；4—育苗土块；5—基菲；6—穴盘

容器和基质是容器育苗的重要组成部分，它们的理化特性直接影响到根的分布和形态，以及地上部分的生长，选择适当容器和基质是容器苗培育的物质基础，而建立在此之上的育苗技术措施才能更加科学和富有成效。

容器苗培育的主要方式有：播种育苗，通过直接播种，将种子播到容器的基质上进行苗木培育，主要用于培育容器小苗；移植育苗，将已经长根的苗木，无论是裸根苗（组培苗、芽苗）还是容器苗移栽到合适的容器进行苗木再培育，主要用于苗木类型的转换或培育更大规格的容器苗；扦插育苗，通过硬枝或嫩枝扦插方法，培育容器小苗。

容器苗培育的主要途径有：露地培育，直接在大田育苗，不借助育苗设施进行苗木培育；设施培育，在现代化温室、日光温室、大棚等育苗设施下进行容器苗的培育，是目前主要的容器育苗途径。设施育苗可为苗木的生长发育提供较好的环境条件，有助于提高出苗率或扦插成活率，促进苗木生长。

2.3.2　无土栽培育苗技术

无土栽培育苗是以草炭或森林腐叶土、蛭石等轻质材料作为育苗基质，采用机械化精量播种一次成苗的现代化育苗技术。无土栽培育苗技术是 20 世纪 70 年代发展起来的一项新的育苗技术。这种育苗方式选用的苗盘是分格室式样的，播种为一格一粒，成苗为一室一株，并且成苗的根系与基质互相缠绕在一起，根坨呈上大下小的塞子形，一般叫作穴盘无土育苗。穴盘无土育苗技术的主要特点是省工、省力、节能、效率高、成本低，便于规范化管理，适于远距离运输和机械化移栽，适合工厂化生产。

无土育苗主要工作流程一般有 8 个步骤：

（1）种子处理，主要进行消毒和浸种催芽。

（2）制配基质。

（3）装盘压坑，将穴盘消毒，根据需要装入基质，混在一起按压。

（4）播种覆土。

（5）浇水上架催苗。

（6）定期定量浇灌清水和营养液。

（7）间苗及补苗。

（8）培苗，按照苗期管理要求进行管理。

2.3.3　组织培养育苗技术

（1）培养基的种类

1）MS 培养基。我国林业组织培养多用这一培养基，针对不同的树种对培养基的要求，将培养基组成成分进行改良，用于不同树木的离体组织培养。

2）IS 培养基：主要用于杨树、云杉等树种。

3）BL 培养基：主要用于松、柏科的树种。

4）BM 培养基：用于柑橘类树种效果较好。

5）ER 培养基：多用于豆科树种。

6）H 培养基：主要用于我国南方的桉树的组培育苗。

7）B5 培养基：用于杉木和葡萄等树种的组织培养。

8）N6 培养基：主要用于禾本科树种的组织培养。

（2）培养基的成分

1）氮、磷、钾、钙、镁、硫、铁、锰、铜、钼、锌等无机盐。

2）重蒸馏水。

3）蔗糖、葡萄糖、果糖、麦芽糖、维生素 C、维生素 B1、维生素 B6、烟酸、叶酸、肌醇、氨基酸等有机化合物。

4）吲哚乙酸、赤霉素、2，4—D 等，细胞分裂素主要有玉米素和 6—卞基氨基腺嘌呤等生长调节物质。

5）椰乳、香蕉、马铃薯、酵母等天然复合物。

6）培养材料支持物包括琼脂、玻璃纤维、滤纸桥等。

7）链霉素、青霉素等抗生素物质。

2.3.4 名贵苗木、难育苗木的复壮技术

（1）古树衰老的原因

任何树木都要经过生长、发育、衰老、死亡的过程，也就是说树木的衰老、死亡是客观规律，但可以通过人为的措施延续其衰老过程，使树木最大限度地为人类造福。

古树衰老的原因，主要有以下几个：

1）土壤密实度过高、通气不良

城市园林中游人密集，地面受到大量践踏，使土壤板结、密实度高、透气性差，对树木的生长十分不利。特别是有些古树知名度高，往往吸引大量的游客，造成土壤环境恶劣变化。

2）树干周围铺装面积过大

有些地方用水泥砖或其他材料铺装，仅留很小的树池，影响了地下与地上部分的气体交换，使古树根系处于透气性极差的环境中。

3）土壤理化性质恶化

近年来，有不少人在公园古树林中搭帐篷，开展销会、演出会，这不仅使土壤密度增高，同时还造成污染。有些地方还因增设临时厕所造成土壤含盐量增加，对古树生长非常不利。

4）根部的营养不足

有些古树栽种在殿基土上，植树时只在树坑中换了好土，树木长大后，根系很难向四周坚实的土壤中生长。因为根系活动范围受到限制，营养缺乏，致使树木衰老。

5）人为损害

由于各种各样的原因，例如，在树下乱堆东西（如建筑材料、水泥、石灰等），特别是石灰，堆放不久树木就会受害死亡；有的人在树上乱刻乱画、钉钉子、拉绳子，使树体受到严重破坏等。

6）病虫害

病虫害的危害一般人都了解，但常因古树高大、防治困难而缺乏管控，或因防治失当而造成更大的危害。比如，苏州湖庭西山的一株古罗汉松，因白蚁危害而施用高浓度农药，致使古树受到药害死亡。因此，用药要谨慎，并应加强综合防治以增强树势。

7）自然灾害

雷击雹打、雨涝风折都会影响树势，甚至会造成古树死亡，这种情况在各地园林中屡见不鲜。

（2）地下复壮措施

地下复壮的目标是促进根系生长，可以应用的措施主要为土壤管理。具体方法如下：

1）深耕松土：操作范围应比树冠宽大，深度要求40cm以上。园林假山不能深耕时，要观察根系走向，用松土结合客土、覆土保护根系。

2）开挖通气井（孔）：在古树林中挖直径40cm、深100cm，四壁用砖砌成的孔洞，上覆水泥盖，盖上铺土或植草。

3）埋条法：分放射沟埋条和长沟埋条两种。放射沟埋条是在树冠投影外侧挖放射状沟4～12条，每条沟长为120cm，宽为40～70cm，深为80cm。沟内先垫放10cm厚的松土，再把剪好的树枝捆成捆，平铺于沟底，每捆直径为20cm，上撒少量松土，同时施入粉碎的麻酱渣和尿素，每沟施麻酱渣1kg、尿素50g，为补充磷肥可放少量动物骨头和贝壳等物，覆土10cm后放第二层树枝，最后覆土踏平。如株行距大，也可采用长沟埋条。沟宽为70～80cm，深为80cm，长为200cm，然后分层埋条施肥，覆土踏平。应注意埋条处的地面不能低，以免积水。

4）地面铺梯形砖和草皮：下层做法同埋条法，在地面上铺置上大下小的特制梯形砖，砖与砖之间留有通气道。下面用石灰砂浆衬砌，砂浆用石灰：砂子：锯末＝1：1：0.5。

5）加塑料：耕锄松土时埋入聚苯乙烯发泡材料，聚苯乙烯分子结构稳定，目前无分解它的微生物，所以不会刺激根系。

6）挖壕沟：一些名山上的古树，由于所处地位特殊不易截留水分，常受旱灾，可以在上方距离树10m左右处的缓坡地带沿等高线挖水平壕沟，深至风化的岩层，平均深为1.5m、宽为2～3m、长为75m，向外沿翻土，筑成截留雨水的土坝，沟内填入嫩枝、杂草、树叶等，拌以表土。这种土坝在正常年份可截留雨水，同时待填充物腐烂后，可形成海绵状的土层，更多地蓄积水分，使古树根系长期处于湿润状态，遇到干旱年份，可人工担水浇到壕沟内。

7）换土：古树几百年甚至上千年生长在一个地方，土壤里的肥力有限，常出现缺肥症状，不利根系生长。有些地方的园林部门将树冠投影范围内上根部分的土壤进行换土，在原来的旧土中掺入沙土、腐叶土、粪肥、锯末和少量化肥后重新填埋，实践证明效果很好。

8）施用生物制剂：北京地区曾用农抗120和稀土制剂灌根复壮古柏，效果较为明显，根系生长量明显增加，树势增强。

（3）地上部分复壮措施

地上部分的复壮指对古树树干、枝叶等进行保护，并促进其生长。

1）支架支撑：古树由于年代久远，主干常有中空，主枝常有死亡，造成树冠失去均衡，树体容易倾斜；又因树体衰老，枝条容易下垂，因此需用他物支撑。常用的支撑物有木柱和铁柱。

2）堵树洞：由于人为对树皮造成损伤，被雨水侵蚀，引发真菌危害，日久形成空洞甚至整个树干被害。对于局部空洞，若大部分木质部完好，可用混凝土填充捣实。此法要注意两点：一是水泥涂层要低于树干的周皮层，其边缘要修削平滑，水泥等污染物要冲洗干净，以利于生长包裹涂层；二是对树洞边缘树皮修削平滑，呈竖直的梭子形。也可以采用桥接法补洞：从该树上取下一年生枝条分别接在洞口两侧，根据洞的大小决定嫁接枝条数量，成活后的新枝逐渐生长将树洞补上。

3）设避雷针：雷击会严重影响树势，有的古树在被雷击后未采取补救措施很快死亡，所以高大古树应加避雷针，如已遭受雷击，应立即将伤口刮平，涂上保护剂，并堵好树洞。

4）防治病虫害：古树多已进入衰老期，容易招致病虫害而加速死亡，因此，及时防治病虫害是古树养护管理日常工作中最重要的环节之一。

5）肥水管理：春夏季灌水防旱，秋冬季浇水防冻，灌水后应松土，增加通透性。古树的施肥方法各异，可以在树冠投影部分开沟，沟内施腐殖土加粪肥，或施化肥、马蹄掌加麻酱渣。

6）树体喷水：由于城市空气浮尘污染，古树树体截留灰尘极多，影响观赏效果和光合作用。如北京中山公园和北海公园常在春季喷水清洗古树，因为这项措施比较费工费水，所以只在重点区域使用。

7）合理修剪：古树生长年限较长，有些枝条感染了病虫害，有些无用枝过多耗费了营养，需进行合理修剪，以达到保护古树的目的，对有些古树还可结合修剪进行疏花疏果来处理，以减少营养的不必要浪费。

2.4　选种、引种

林木引种是从外地或外国引进一个本地区或本国所没有的树种，经过驯化培育，使其成为本地或本国内的一个栽培树种。有些引进树种长成后能够开花结实，自行繁衍传播，成为当地的野生树种。

2.4.1　选种、引种的依据

（1）种源试验

种源是指种子的产地或来源。种源试验就是将不同种源的材料放在一起做栽培对比试验。目的是为某一地区找到适应性好、生产力高的优良种源。

树种种源试验的类型主要包括：全面种源试验，是对全分布区的种源进行对比试验，目的是了解种内的一般地理变异模式和大小，为栽培试验点所在地区初选出优良的种源区域。局部种源试验，是对局部分布区的种源进行对比试验，目的是为栽培地区寻找最适宜的种源。

（2）种源试验方法

1）确定采种点：采种点的选择应能充分反映树种的主要遗传变异。相关标准规定，任何一个树种的种源试验，至少包括5个产地，一般是10～30个。采种样点一般要平行于自然变化的梯度。树种分布范围大时，要考虑经纬度、垂直分布的变化。

2）确定采种林分和采种母树：采种林分必须是当地起源的林分，最好是天然林分；林分要有足够大的面积；林龄应达到结实盛期。采种树最好选20～30株优势木或亚优势木，采种树间距离应为树高的3～5倍以上。

3）苗圃试验：目的是确定各种源在苗期的差异，以及培育造林试验所用的苗木。苗圃试验的主要要求是：

① 所有产地种子应在同一苗圃中播种育苗。

② 种子处理、播种技术、管理措施都应保持相对一致。

③一般应采用随机组田间试验，3～5次重复。

④试验中，间苗和保苗数量应相对一致。

⑤观测项目有：种子发芽势、苗木保存率和封顶期、子叶与真叶数目、分枝性与针叶长短，以及抗病虫害能力等。

4）造林试验：观测项目有成活率、生长量、物候、形质指标、病虫害、气象危害以及生理生化、材性分析等。可分为短期、中期、长期试验。

2.4.2　育种的目标

在过去相当一段时间，我国育种重点放在了主要农作物特别是粮食作物上，这与当时国内农业生产和国民经济要求，以及诱变育种的现状是相适应的。随着经济的发展和市场要求的变化，除继续做好主要粮食、油料和纤维作物的诱变遗传育种外，应重视作物类别与结构的调整，拓宽应用诱变改良作物范围，加强蔬菜、瓜果、花卉等方面的诱变育种和野生植物的诱变驯化方面的研究。创造出更多的各具特色的突变种质资源，提供育种直接或间接利用，培育出突变新品种。

2.4.3　引种驯化的基本知识

引种、驯化一般包括以下步骤：

（1）选择引入材料

通过查阅资料，分析植物品种是否符合引种目标，是否具有潜在的适应性，原产地和引种地的自然生态环境有何异同，以及引种后是否能保存所需的性状等。

（2）进行引种试验

引种试验需要通过育苗繁殖、适应性试验、生产力测试等，选择优良的品种、个体或生态类型，并对引种进行评价。评价的内容一般包括：生长和繁殖的情况；植物适应性和抗逆性的表现；对经济植物，需测算生产指标，评估推广价值；归纳栽培技术等。

（3）引种、驯化成功标准的鉴定

成功标准包括：以正常状态发育繁殖；能保持或发展原有经济性状；对药用植物来说，化学成分基本不变或含量增高。鉴定是指：经过引种试验、生产力测定与批量生产后，认为已经达到成功引种的，应及时进行引种成果鉴定。

（4）推广应用和建立技术档案

依照相关的国家标准，坚持先试验后推广的原则，按照选择引种树种、初选试验、区域性试验、生产性试验等推广程序进行。

第3章 植物保护知识

3.1 植物病虫害

植物病虫害分为两大类：侵染性病害和非侵染性病害。

侵染性病害是由病原微生物的侵染所造成的。这些病原微生物例如真菌、细菌、病毒等都是微小的生物，能够侵染、繁殖和传播，因此又叫作传染性病害。非侵染性病害是由非生物因子所引起的，例如营养不足或失调，高温伤害和低温霜冻，干旱和水涝造成水分变化，以及近代工业所造成的化学污染与伤害。在本书中我们着重讨论侵染性病害。

3.1.1 常见苗木病害及防治

（1）立枯病

它是一种世界性病害。

1）危害树种：银杏、石楠、榆树、松属、棕榈等多种树木幼苗。

2）危害症状：为真菌性病害。危害幼苗根部，呈水渍状或暗褐色，之后蔓延到茎叶，多发生在幼苗出土后一个月内，高温高湿环境下。患病后，茎叶枯黄下垂，迅速死亡。在幼苗较大、茎枝木质化后，病株表现为枯死而不倒，故称立枯病。

3）防治方法

选用地势较高、排水良好的沙土地作苗圃。

土壤消毒，使用10%多菌灵可湿性粉剂，每667m^{2}用5kg，与细土混合，药与土的比例为1∶200。也可用40%甲醛溶液50mL，加水8～12L浇灌土面。还可用五氯硝基苯与代森锌或敌磺钠，按3∶1配比，用量4～6g/m^2，以药土沟施。

幼苗出土后，可喷洒50%多菌灵可湿性粉剂500～1000倍液，或1∶1∶120倍波尔多液，每隔10～15天喷洒一次。

（2）根结线虫病

1）危害树种：柳树、栀子花、泡桐、悬铃木、梓树、桂花、梅花、桃花等。

2）危害症状：为线虫类病害。病株侧根和细根根皮畸形生长，形成许多大小不等的瘤状物。初呈黄白色，后变褐色，最后根系腐烂，使地上部生长衰弱，严重时，植株死亡。

3）防治方法

土壤消毒，使用20%的二溴氯丙烷5～8g/m^2，或用4%的涕灭威颗粒剂20g/m^2，还可用克百威颗粒剂15～20g/m^2，进行土壤消毒。

发病期可施用10%克线磷，用量为60g/m^2。

3.1.2 常见苗木虫害及防治

种子害虫主要有地老虎类、金龟类、蝼蛄类、金针虫类、蒙古象甲等。嫩枝幼干害虫主要有蚜虫类、天牛类。食叶害虫主要有叶甲类、潜叶蛾类、刺蛾类、辽蛾类、舟蛾类。苗木虫害常常是造成苗木重大损失的一个主要因素。苗木害虫种类很多，这里仅介绍其中最主要的种类及其防治方法。

（1）地老虎类

地老虎类属鳞翅目夜蛾科，是严重危害林木幼苗根部的害虫。幼龄幼虫取食苗木叶片或根茎，被害处形如网孔。白天分散潜伏在幼苗根附近的土壤中，夜间外出。常将幼苗自根咬断，拖至藏身处取食，有时部分植株可残留原处，呈立枯状。成虫白天多隐藏于暗处，不易见到。

1）主要种类和习性：主要种类有小地老虎、大地老虎、黄地老虎和八字地老虎等。

① 小地老虎：俗称小地蚕、切根虫、土蚕等。我国以长江流域和沿海地区受害最重，北方多发生于低洼内涝地区。每年发生 3 ～ 6 代。第一代个体数量最多，危害严重。发生盛期为 3 月下旬至 4 月中旬，以蛹或幼虫在土内越冬。卵散产于杂草、苗木、落叶上或土缝中，一般每只雌虫产卵量平均近 1000 粒，高可达 2000 ～ 3000 粒。

② 大地老虎：分布于全国各地，常与小地老虎混合发生。食性较杂，危害状和生活习性与小地老虎相似。每年只发生 1 代。以幼龄幼虫在土中越冬。每年 3 月下旬至 4 月中旬开始活动，5 ～ 6 月幼虫老熟，开始越夏，9 月前后夏眠结束，即在土室内化蛹，10 月出现成虫。

③ 黄地老虎：以西北地区危害较重。每年发生 2 ～ 4 代，以蛹、幼虫在土内越冬。生活习性与小地老虎相似。

④ 八字地老虎：全国各地均有分布，常与小地老虎混合发生或单独发生，能危害杨、柳等多种苗木。

2）防治方法

① 清除杂草：地老虎的成虫都喜欢在杂草上产卵，为此早春时节在成虫产卵盛期之后，幼虫大量孵化时，及时清除田地及其周边的杂草，减少地老虎的危害。

② 诱杀幼虫：在苗圃地里每隔一定距离放一张新鲜泡桐叶子，每平方米放 1 张即可，第二天将叶下幼虫杀死。在幼芽出土前将新鲜杂草（50kg）拌和 90% 敌百虫（0.5kg），加水 2.5 ～ 5kg，6 ～ 7m 放一堆，诱杀幼虫。

③ 诱杀成虫：几种地老虎成虫趋光性强，都喜食糖蜜，因此，在成虫盛发始期，可用黑光灯诱杀成虫。或用糖 6 份、醋 3 份、白酒 1 份、水 10 份配成的糖醋液，加入 25% 敌百虫粉剂 1 份，诱杀成虫。

④ 化学防治：每年 4 ～ 5 月在苗床上每隔 1 周喷 1 次 50% 敌敌畏 1000 倍液，也可用90% 敌百虫或 75% 辛硫磷乳油 1000 倍液，或用 20% 氧化乐果乳油 300 倍液在幼苗上防治 2 ～ 3 龄幼虫。

（2）金龟类

属鞘翅目金龟甲科，俗称金爬牛、瞎撞等。幼虫通称蛴螬。成虫取食植物叶片或花，幼虫则主要危害植物的根，幼苗根常被咬断或蚕食殆尽，整株死亡，在富含腐殖质的壤土或砂壤土地带，危害特别严重。

1）主要种类和习性：金龟甲种类很多，主要有大黑鳃金龟、棕色鳃角金龟、铜绿丽金龟、黑绒鳃角金龟等。一般 1 ～ 2 年完成 1 代。成虫大多于黄昏时分活动飞翔，夜间取食林木叶片，白天潜藏于附近土壤中或枯落物下。也有一些白天取食的种类，成虫有强烈的伪死性和趋光性。卵产于土中，不易见到。

2）防治方法

①杀灭幼虫：对有蛴螬害虫严重危害的苗圃地，播种和植苗前必须灌水3天，及时清除浮出水面的幼虫，或每667m² 用2.5%敌百虫0.5kg加细土30倍撒施畦面后翻入土中，做好预防性工作。

②杀灭成虫：可用黑光灯诱杀、人工捕杀或用2.5%敌百虫粉剂或氧化乐果、辛硫磷、杀螟松等农药药杀。

③经常性灭虫：对少量发生的蛴螬，可分别采取下述措施，即用20%甲基异硫磷乳油，或用40%乙酰甲胺磷乳油，或用50%辛硫磷乳油加水4～6倍，或用敌百虫原药加水1000倍浇灌被害苗根至表土下4～5cm即可。

3.1.3 常见苗圃草害及防治

杂草是指园林苗圃中人们非有意识栽培的"长错了地方"的植物，或者说凡害大于益的植物都是杂草。杂草生长迅速，不但与园林苗木争夺养分和水分，而且还是多种病虫害的中间寄主，如果防治不及时就会蔓延，影响花木生长。

（1）常见杂草种类

1）一年生杂草

一年生杂草是指那些在春、夏季发芽出苗，夏、秋季开花、结实，之后死亡，整个生命周期在当年完成的杂草。这类杂草都是通过种子繁殖，幼苗不能过冬。

2）多年生杂草

多年生杂草是指可连续生存两年以上的杂草，通常第一年只生长不结实，第二年起才结实。有些种类冬季地上部分枯死，依靠地下器官越冬，次年又长出新的植株。因此，多年生杂草除能以种子繁殖外，还能利用地下营养器官进行营养繁殖。

3）寄生杂草

寄生杂草是指不能进行或不能独立进行光合作用制造养分的杂草，必须寄生在别的植物上，靠特殊的吸收器官吸取寄主养分而生活，如菟丝子。

（2）杂草防治方法

1）实行杂草检疫制度

对于从外地（检疫地区）、外国引入新种苗木或花草种子繁育时，必须实行严格的杂草检疫，凡属国内没有或本地尚未广为传播的而具有潜在危险的杂草，必须禁止或限制试种。因此，生产中对所有传播材料（种子、接穗、插条等）都应清选和检疫，使其尽可能不带检疫对象。

2）清洁苗圃环境

苗圃周围和路旁杂草是苗圃杂草的重要来源，尤其在灌溉条件下，水渠两边生长的杂草产生的种子是重要的传播源。所以，应及时铲除苗圃周围、道路旁和水渠旁的杂草，尽可能不让杂草完成生长发育。将铲除的杂草应挖坑堆沤处理，成为有机肥。

3.2　苗木抚育管理知识

3.2.1　苗木的水分管理

水是植物的重要组成部分之一。种子萌发、合成、吸收和运输养分均需要水。植物根既要有利于吸收水分的湿润环境，又必须有一定的透气性。水分过量，缺少空气，会造成植物根部代谢受阻，影响植物正常生长，甚至涝害死亡。

（1）水分管理的意义

苗木的水分主要靠根系从土壤中吸收。土壤中的水来源于自然降水、人工灌水和地下水。其中人工灌水的水源有河水、湖水、井水与降水。北方地区自然降水量少，必须依靠人工灌水，根据不同生长阶段的需要量来补充土壤水分。在南方梅雨季节、台风期间和北方雨季，雨量集中、土壤水分过量，对树苗生长不利时，必须及时排水防涝。苗区积水会形成涝灾，造成苗木死亡。

（2）灌水的方式

苗圃的灌水方式根据当地水源条件、灌溉设施不同有以下几种：

1）垄灌

多用于高床、高垄，南方干旱季节较常用。方法是水沿垄沟流入，从侧面渗入畦（苗床）内。水浸湿畦面，即放水。垄灌不易使土壤板结，灌水后土壤仍保持原来的团粒结构，有较好的通透性并能降低地温，有利于苗木生长。灌溉省工，但耗水量大，苗床过宽会使灌水不均。

2）漫灌

即水在床面漫流，直至充满床面并向下渗透的灌溉方法。其优点是投入少，简单易行。缺点是水以及水溶性养分下渗量大，尤其是在砂质壤土中易造成漏水、漏肥。漫灌容易使被浇灌的土壤板结。经过改造用水槽或暗管输水到苗床，浪费较小。

3）喷灌

是管道灌溉的一种，主要用于小苗区。喷灌不受苗床高差及地形限制，便于控制水量，控制浇灌深度，省水，不会造成土壤板结。配合施肥装置，可同时进行水溶性施肥作业。

4）滴灌

通过管道输水，用水滴使土壤湿润。适用于精细灌溉，均匀定量，用水少，特别是在盐碱地，能稀释根层盐碱浓度，防止表层盐分积累。

3.2.2　苗木常规养护管理

树木种植以后，经常性的养护管理是十分重要的。树木养护，应该根据树木的生长发育情况和不同季节的需要来进行管理。主要养护工作如下：

（1）加土扶正

对新种的树木下过一场透雨或刮过一场大风后要进行一次全面检查，树干已经摇摆（动）的，应填土培实；树坑泥土过低的，应及时覆土填平，防止雨后积水烂根；树坑泥土过高的，也要铲平，防止深埋影响根部发育；发现倾斜歪倒的，也应抓紧扶正。

（2）剥芽修剪

新树木经过起挖、包装、运输、二次搬运常受损失，以致部分芽发不出，因此要检查枝梢上有无枯枝现象。发现枯枝及时剪掉，否则会影响其他芽的抽生，影响整株树木的苗壮成长。树木在自然生长过程中，树干、树枝上会萌发许多嫩枝、嫩芽，不但消耗大量养分，而且树形也受影响，造成树干生长不挺直，树冠生长不匀称。为使树木迅速长大，早日覆盖遮阴，要随时剪除多余的嫩枝、嫩芽、徒长枝及生长部位不当的枝条，使树冠能均衡地吸收阳光和空气，减少病害和虫害，促使树木生长旺盛。

（3）松土除草

树木经过多次降雨或浇水以后，周围泥土容易板结，应用锄头将地表层疏松，根除杂草及蔓藤植物。松土锄草可使土壤疏松、空气流通，调节泥土温度，促进土壤中养分的分解，有助于树木根部吸收。松土能防止水分蒸发，减少旱害，防止害虫潜伏，减少虫害。松动锄草时，注意不能过浅，也不能过深，因为太浅起不到应有的作用，过深又会伤害树木根系。松土锄草的深度一般以 6～7cm 较为适宜。

（4）施肥

为使树木生长良好，施肥是重要措施之一。肥料大体分为 3 类：有机肥、无机肥、细菌肥。

新种的树根幼嫩，施肥不能过浓，原有树木可以稍浓些。施追肥要在松土后进行，使肥料易渗入土壤中被根部吸收。施肥应选天气晴朗，土壤干燥时进行。饼肥要充分腐熟，并用水稀释后才能施用。由于树木根群分布广，吸收养料和水分全靠须根，施肥要在根部四周，不要在紧靠树干的地方。大树施肥，可用沟施办法，将肥料施入后，再盖土恢复原地坪，既有利于保持环境卫生，又可保证施肥质量。

（5）防治病虫害

在树木的养护管理中，防治病虫害是十分重要的工作。这项工作一年四季都要做。冬季可用人工除树干和树枝上的虫卵、虫茧，或挖除树木根部周围的泥土里的蛹、茧、卵等，同时也要清理树木四周的害虫潜伏场所。在树木株行距间进行冬耕翻地，可将埋在土里的害虫翻出冻死。冬季没有除尽的害虫，到夏秋就大量繁殖，这时就要人工捉虫和用药剂喷洒除虫。

（6）涂白

入冬前树木涂白可防止病虫危害，且树木外层呈白色，能减弱树木地上部分吸收太阳的辐射热，延迟芽萌动期，避免早春霜害，还有防止温度剧变、堵塞叶面气孔、防止水分蒸发的作用。涂白剂配方可选用：水 10 份、生石灰 3 份、石硫合剂 0.5 份、食盐 0.5 份、油脂少许。配制时先化开石灰，把油脂倒入，充分搅拌，再加水拌成石灰乳，最后放入石硫合剂及盐，也可加黏着剂，延长涂白的使用期限。

3.2.3　苗木的整形与修剪

"整形"一般针对幼树，用剪、锯、捆、绑、扎等手段使幼树长成栽植者所希望的特定形状，提高其观赏价值。"修剪"一般针对大树（大苗），对树木的某些器官（枝、叶、花、果等）加以疏删或剪截，以达到调节生长、开花结果的目的。整形是通过修剪来完成的，修剪又是在整形的基础上根据某种目的而实行的。修剪是手段，整形是目的，两者紧密相关，统一于一定的栽培管理要求下。在大苗培育过程中对苗木进行修剪，使苗木按照人们设计好的树形生长，培育出符合要求的主干。结构合理的主、侧枝，形状美观的树体，有利于开花结果，尽快达到园林绿化的要求。

3.2.4　苗木移植与大苗培育

（1）苗木移植的意义及成活的基本原理

将播种苗或营养繁殖苗从苗床挖起，扩大株行距，种植在预先规划设计并整理好的苗圃内，让小苗更好地生长发育，这种育苗的操作方法叫作移植。有些树种生长较缓慢，通常要在苗圃培育几年，才能达到造林用苗的标准。这样的苗木，必须经过移植，凡是经过移植继续培育的苗木，可称为移植苗。苗木移植这一技术措施，在育苗生产中起着重要作用。

1）为苗木提供适当的生存空间

一般的育苗方法，如通过播种、扦插、嫁接等方法培育树苗时，小苗密度较大，苗间距为几厘米到十几厘米。随着苗木的不断生长，个体逐渐增大，苗木之间互相影响，因此必须扩大苗木的株行距。扩大株行距的方法有间苗和移植两种。但间苗会浪费大部分苗木，留下的苗木也不能裁剪其根系，不利于苗木发展，因此常使用移植的方法来扩大苗木的株行距。

幼苗经过移植，增大了株行距，扩大了生存空间，能使根系充分舒展，进一步扩大树形，使叶面充分接受阳光，增强树苗的光合作用、呼吸作用等生理活动，为苗木健壮生长提供良好的环境。同时也便于施肥、浇水、修剪、嫁接等日常管理工作。

2）使苗木形成较发达的根系

幼苗移植时，主根和部分侧根被切断，能刺激根部产生大量的侧根、须根。移植苗木所用的苗圃地，管理一般较好，且具有大量的土壤有机质，又有完善的排灌水系统，能提供根系生长最合适的土壤条件，促进根系生长发育，使根系中根数增多，吸收面积扩大，形成完整发达的根系，提高苗木生长的质量。另外，移植后的苗木由于切断主根，根系分布于土壤浅层，吸收根数量多，有利于将来造林的成活和生长，达到良好的造林绿化效果。

3）能提高苗木的质量

在移植过程中对根系、苗冠进行整形修剪，人为调节地上与地下生长平衡，淘汰劣质苗，整体上提高苗木质量。苗木分级移植，使培育的苗木规格整齐，枝叶繁茂，树姿优美。

4）提高土地利用率

在苗木生长不同时期，树体大小不同，对土地面积的需求不同。对于园林绿化所需的大苗，在各个龄期，根据苗木大小、树种特性及群体特点合理安排密度，这样才能最大限度地利用土地，在有限的土地上尽可能多地培育出大量优质的绿化苗木，使土地效益最大化。

（2）移植时间

苗木移植时间根据当地气候条件和树种特性而定，一般在苗木休眠期进行移植，如果当地条件许可，一年四季均可进行移植。

1）春季移植

春季土壤解冻后直至树木萌芽时，都是苗木移植的适宜时间。春季土壤解冻后，苗木的芽尚未萌动，根系已开始活动。移植后，根系可先进行生长，吸收水分、养分为生长期供应地上部分生长做好准备。同时，土壤解冻后至苗木萌芽前，树体生命活动较微弱，树体内贮存养分还没有大量消耗，移植后易于成活。春季移植应按苗木萌芽早晚来安排，早萌芽者早移植，晚萌芽者则晚移植。

2）秋季移植

秋季，在地上部分生长缓慢或停止生长时进行移植，即落叶树开始落叶始至落叶完毕；常绿树在生长高峰过后，这时地温较高，根系还能进行一段时间的生长，移植后根系得以愈合并长出新根，为翌年的生长做好准备。秋季移植一般在秋季温暖湿润，冬季气温较暖的地方进行。北方地区的冬季寒冷，秋季移植应早些。冬季严寒和冻害严重的地区不能进行秋季移植。

3）雨季移植

在夏季多雨季节进行移植，多用于北方移植针叶常绿树，南方移植常绿树类。这个季节雨水多、湿度大，苗木蒸腾量较小，根系生长较快，移植较易成活。

4）冬季移植

南方地区冬季较温暖，苗木生长较缓慢，可以在冬季进行移植。在北方有些地区，在冬季也可带冰坨移植。

3.2.5 苗木合理施肥

（1）苗木缺肥的表现

通常苗木缺氮时，叶片小，叶色淡黄，下部叶先黄，然后逐渐发展到整株失绿，下部叶较上部叶更黄淡；苗木缺磷时，叶片卷曲，叶色暗绿，下部叶的叶脉间黄化，呈古铜色，根系不发达，幼芽萌发迟缓；苗木缺钾时，下部叶片边缘先呈褐色，并从叶尖向下出现坏死斑点，茎干柔软，易弯曲倒伏；苗木缺镁时，由下部叶到上部叶的叶片边缘和中部失绿变白，叶脉之间出现各种色斑；苗木缺铁时，叶脉两侧和叶缘内出现失绿现象，有时扩展形成大面积干枯，仅有较大叶脉保持绿色。但是，不同的苗木在缺少某些营养元素时所表现的症状不尽相同，而且苗木受环境条件的影响，常有发生类似缺肥症状的现象，容易造成混淆，所以，一定要做具体分析、正确判断。

（2）苗木合理施肥的做法

要做到合理追肥，必须根据天气、土壤、苗木情况全面考虑，即"看天、看地、看树"。并要按比例施用氮、磷、钾三要素和微量元素，以满足苗木对养分的需要。

1）看天施肥：气候炎热多雨时要少施肥、勤施肥，气候较冷时要施用经过充分腐熟后的有机肥作为追肥。

2）看地施肥：不同的土壤中所含有的营养元素的种类和数量不同。土壤质地不同，营养条件也不同，沙土营养吸收容量小，黏土营养吸收容量大，性质介于两者之间的土壤保肥能力中等。壤土及黏土的保水保肥能力比较大，在一定范围内可以施入较多的化肥，不致产生"烧苗"现象，保肥能力小的沙土则相反。

3）看苗施肥：苗木种类不同，对各种营养元素的需求量也不相同，如针叶树比阔叶树需氮较多，需磷较少，灌木需磷量较多。苗木生长发育期不同，需要的养分也不同，在生长初期需氮肥和磷肥较多，速生期需大量的氮、磷、钾，生长后期以需钾为主，需磷为辅；苗木的生长情况不同，对养分的需求也不同。苗木是否缺肥，可以从苗木形态来判断，以确定应追施何种肥料。

3.2.6　合理使用农药

合理使用农药的目的是在防治害虫中做到经济、安全、有效。为此，应注意以下几个问题：

（1）根据害虫种类选用药剂

不同种类害虫对同一药剂毒力的反应不同，因此，必须根据防治对象选用有效的药剂种类和剂型，采用科学的施药方法，以保证防治效果。

（2）掌握虫情，适时施药

适时施药是提高药效的关键。同一种害虫不同虫期的耐药性不同，如鳞翅目昆虫，其耐药性卵大于蛹，蛹大于幼虫，幼虫大于成虫，以成虫对药剂最为敏感。就是同一虫期，不同虫龄对同一种药剂的反应也不同。如鳞翅目幼虫一般以 3 龄前耐药性低，3 龄后耐药性显著提高，可以相差数十倍甚至上百倍。为确定适宜的施药时期，必须了解害虫发生规律，搞好预测预报，掌握虫情。同时，应注意田间害虫的天敌情况，做到既是防治害虫的最佳施药时期，又能减少对天敌的杀伤。

（3）掌握配药技术，注意施药质量

配药时药剂的用量和稀释的浓度一定要准确。为使药剂在水中分散均匀，应先配成 10 倍液，然后再加足水量。在稀释粉剂（或配制毒土）时，应先用少量稀释粉混合拌匀，再用较多的稀释粉进行第二次、第三次稀释，使药剂混拌均匀。施药时要做到植物着药全面，避免出现漏施现象。同时，要注意天气情况，如风力、气温等。天气情况影响施药质量，也容易引起植物药害和施药中毒。

（4）合理混用药剂

将两种或两种以上药剂混合使用，可防治同时发生的害虫、病害还能兼治杂草。有的可以互补、发挥所长、起到增效作用。农药混用也是防止害虫产生抗药性的常用方法，但必须根据农药的理化性质、毒理、防治对象和混用后可能发生的化学变化、对作物的影响等方面综合考虑。同类药剂间多数可以混用，如大多数有机磷农药是中性或微酸性的，一般可以混用。对不同类的药剂如果混合后不发生不良的化学物理变化的也可以混用，如有机磷、有机氮和氨基甲酸酯类也可混用。植物性农药、微生物农药也可和上述有机农药混用。农药混用，要随混随用。

农药混用不当，会降低药效，或产生药害，混用时应注意：

1）遇到碱性物质分解失效的农药，不能与碱性物质混用。

2）混合后产生化学反应引起植物药害的农药，不能互相混用，如波尔多液不能与石硫合剂混用。

3）混合后出现乳剂被破坏或产生絮状物或沉淀的药剂，不能混用。

（5）避免产生药害

为了避免产生药害，要注意以下几点：

1）不同药剂和剂型对植物的安全程度不同。一般乳剂比可湿性粉剂或粉剂易产生药害，药剂加工质量不好或用药浓度过高，在短期内多次用药等也可能产生药害。

2）各种作物，甚至同种作物不同品种或同一种作物的不同发育阶段，对药剂的反应不同，如高粱对敌百虫和敌敌畏敏感；马铃薯耐药力强，豆类和十字花科蔬菜次之，瓜类最为敏感；核果类果树比仁果类果树耐药性强。作物种子期耐药力最强，苗期、开花期最弱。

3）气候条件中，主要是温度与光照影响最大。高温、强日照天气施药易产生药害。另外，干旱时用药剂处理种子，也易产生药害。一旦发生药害，轻者可及时采取灌水或淋洗、追肥等措施，减轻药害，药害严重的，则不易挽救。

（6）严防人、畜中毒

农药基本上都有毒，只是毒性大小不同而已。农药毒性一般以小动物（主要是小鼠）致死中量来表示。所谓致死中量，就是将一群小动物用农药一次口服杀死50%所需的剂量，以 mg/kg 来表示，即 1kg 体重的动物需原药多少毫克。致死中量值越小，表示其毒性越强。

在使用农药时，为严防人、畜中毒，一般应做到如下注意内容：

1）建立健全农药管理制度，对农药要有专人管理，并有专用库房。

2）严禁在蔬菜、果树和药用植物上使用剧毒农药和残留性较强的农药。为防止农药产生残毒，要严格遵守农药在蔬菜、水果上不超过允许残留的标准；有关部门要尽快明确农药的安全使用间隔期。

3）配制农药或拌种要有专人负责，使用专用工具，严守操作规程和有关规定。一般不要在大风和高温条件下施药。

4）施药用具用完后应及时用碱水浸泡、洗刷、洗净，并单独存放。对剩余的药液或拌过药的种子，可用空瓶子、空袋及时回收并妥善处理。

（7）害虫的抗药性和防治方法

在同一地区连续使用同一种药剂会引起昆虫对药剂的抵抗力提高，形成抗药性。若一种害虫对某种药剂产生了抗药性，而且对未使用过的其他药剂也产生抗药性的现象又称为交互抗药性。此外，还有负交互抗性的现象，就是昆虫对一种杀虫剂产生抗药性后，反而对另一种杀虫剂表现特别敏感（比正常品系）的现象。

害虫抗药性为化学防治带来了一定困难，如不注意合理使用农药，抗药性问题将会发展成为害虫防治中的一个严重问题。

克服抗药性的措施如下：

1）认真贯彻"预防为主，综合防治"的植保工作方针。在综合防治体系中，要以农业防治为基础，把化学防治与生物防治等有机结合起来，以减少化学农药的使用。

2）合理混用药剂。如天幕毛虫等鳞翅目幼虫对某些药剂产生抗药性后，混用微生物制剂后，可明显提高防治效果。

3）改换药剂。害虫对某种杀虫剂产生抗药性之后，改用另一种作用方式（杀虫机理）的药剂，就会基本消除对原来药剂的抗药性，而收到较好的防治效果。

4）不同类型的杀虫剂交替使用，可克服和推迟害虫抗药性的发展，但必须注意选用没有交互抗药性的药剂。

5）增效剂的应用对克服害虫抗药性、提高药效也有一定作用。

3.3　园林机具知识

3.3.1　园林绿化及其机械化作业的意义

随着经济的发展和生活水平的提高，人们越来越关注生活的质量，尤其是环境质量。园林绿化、生态环境已成为人们关注的热点，增加绿色植被，加强园林绿地的维护管理，美化环境，净化环境，是城市与乡村建设的一项重要内容。

实现园林机械化作业能够极大地提高劳动生产率，保证各种生产技术措施得到有效的采用；可以大大减轻劳动强度，改善劳动条件，提高工人素质，促进劳动力结构的调整，从根本上加快园林绿化的发展。园林生产机械化是园林生产现代化的重要组成部分，园林机具是现代化园林不可缺少的生产手段和主要标志。

3.3.2　育苗机具的操作规程

（1）机械状况：在启动发动机前，应分离传动装置的离合器，待发动机平稳启动、正常运转后，才能平稳结合离合器。作业过程中，应随时观察机械是否出现异常响声、振动或气味；仪表盘显示是否正常。若出现异常现象，应立刻停机，检查原因，并经有效处理后才能继续作业。

（2）作业质量：在作业过程中，应随时目测检查作业质量，并定时停机检查。作业质量往往最能反映工作部件的状态，如从割茬整齐度可以判断刀片是否锋利。若需检查旋转或运动部件，务必先停机后检查，以保证安全。

（3）停机加油：作业过程中添加燃油一定要先停机、后加油，绝不要在发动机运转时添加燃油。加油完毕，擦干洒在油箱外表的燃油，绝不允许在添加燃油时抽烟或靠近明火。

（4）更换部件：在作业中更换部件或零配件，应在停机一段时间后进行，防止因惯性而继续旋转或运动的部件碰伤人体。按照说明书规定的程序拆卸原工作部件，换装新的工作部件。拆装时应注意保存好各部件与主机的连接螺丝、销轴、卡箍等。任何时候进行擦拭、清洗、检查、维修、调校机械等工作之前，应将发动机熄灭。

3.3.3　育苗机具的使用与保养

（1）手工工具保养

1）防锈：手工工具的工作部件多为金属材料制成，而金属材料很容易生锈，轻者影响使用，重者可能失去使用价值。所以，使用后应及时拣洗干净，并用防锈油保护。

2）保管：存放环境应干燥、清洁。各种工具应归类存放，以便清点和存取。非专人使用的工具应建立工具使用卡，完善使用登记制度，及时维修已损坏的工具，保证工具的完好率，提高工具的使用效率。

3）打磨：园林绿化手工工具多数用于砍、劈、截、削等作业。多数手工工具都有刃，少数手工工具有齿，打磨的作用就是使刃或齿更加锋利。常用的打磨工具有油石、钢锉、砂轮等，还需配备扳手、老虎钳等辅助工具。

（2）草坪机械维护保养

新机磨合工作速度不能过快，尽量避免工作件受到冲击载荷。定时检查各部位发热情况及有无异常响声，禁止空载和大负荷下高速运转，清理整机表面的油污和灰尘。用热水清洗刀片上的树脂和草渍；离合器壳体油嘴每两班加油一次，检查油管接头是否松脱、漏油，压力是否正常；检查外部紧固螺丝是否松动，并清洗空气滤清器，长期保存前应擦洗全机，向气缸内注入少量润滑油，将变速箱更换新润滑油脂，锯片、刀片修磨后涂上机油，适当包装好，放在干燥通风处。

（3）背负式喷雾喷粉机的保养

使用离心喷雾作业时，用柴油或水清洗药液箱、箱盖、输液管、手把开关和流量阀，保证药液畅通，用完后应及时将药液箱内残余药液清除干净。离心式喷头应3天保养一次，主要是清洗轴承和加润滑油脂，清除机器表面的灰尘、油污、残留药液。拆下空气滤清器，用汽油洗净。检查各连接处有无漏油、漏水或漏粉现象，并及时清除。拆下粉门，清除固定与开闭板之间的积粉。检查各部位紧固件，特别注意检查消声器的固定螺丝有无松动、丢失，及时检查电路系统各接头有无松动或断线。

3.3.4 育苗机具一般故障的判断与排除

由于作业情况复杂，加之机器本身结构、性能等方面的原因，在使用过程中，故障是不可避免的。因此，排除故障、恢复生产是每个使用者应具备的能力。育苗机具故障判断与排除方法见表3-3-1。

育苗机具故障判断与排除方法   表3-3-1

故障现象	序号	故障原因	排除方法
离合器分离不清	1	尘污堵塞	洗去尘污
	2	转动轴弯曲	校直转动轴
	3	维修装卸中涡流流罩与离合器壳体不同心	安装调整正确
离合器外部过热	1	离合器打滑次数多	注意操作方法，防止打滑
	2	发动机过热	排除发动机过热
变速箱振动大，温度高	1	齿轮齿侧间隙过大或过小	用垫片调整齿侧间隙
	2	有油污	清洗
	3	油过多或过少	控制润滑油
转动部件振动大	1	转动轴弯曲	校正传动轴
	2	刀片歪斜	安正刀片
	3	发动机运转不平衡	排除汽油机故障
变速箱漏油	1	油封磨损或移位	更换或调整油封的位置
	2	压盖与壳体连接螺丝松动	换上纸垫，拧紧螺丝

第4章 园林苗圃

4.1 园林苗圃建圃规划与施工

苗圃是苗木生产的基地，是城市绿化建设中植物材料的主要来源地，也是城市绿地系统的重要组成部分。城市园林苗圃的布局与规划，应根据城市绿化建设的规模和发展目标而定。各城市要搞好园林建设工作，必须对要建立的园林苗圃数量、用地面积和位置做一定的规划，使其均匀分布在城市近郊、交通方便的地方，便于供应附近地区所需要的苗木，以达到就地育苗、就地供应，减少苗木的长途运输，降低生产成本，提高成活率的效果。园林苗圃根据经营的苗木规格可以分为大苗苗圃、小苗苗圃；根据培育的植物性质可以分为花卉苗圃、木本植物苗圃和草坪地被苗圃等；根据面积大小一般分为大、中、小型苗圃。

园林苗圃的总面积要依据城市的大小和用苗量的多少合理安排。

4.1.1 建圃规划的选址原则与指导思想

正确选择苗圃地，建设布局合理的现代化苗木生产基地，可以缩短育苗时间，降低育苗成本，培育出符合园林绿化需要的各类优质苗木。若苗圃地选择不当，不仅难以培育出优质苗木，还会给经营者造成不可挽回的损失，所以正确选址与科学规划苗圃非常重要。

4.1.2 建圃规划的依据

（1）地形

一般固定的大型苗圃，最好设在排水良好、地势平坦的地方；如选择坡地，可选坡度在30°以内的土地。若坡度过大，容易引起水土流失，增加管理工作难度，影响育苗作业的顺利实施；但在土壤黏性较大且多雨地区，苗圃地不宜过平，可选在30°～50°的坡地。在山区坡度较大的地方设苗圃，应修筑水平梯田，并选择南坡及东南坡坡度较缓、土层较厚的地方。低洼地，不透光的峡谷，密林间的小块空地，长期积水的沼泽地，洪水线以下的河滩地，风口处和完全暴露的坡顶、高岗以及距林缘20m以内的地段，均不宜作为苗圃地。

（2）土壤

土壤对苗木质量影响很大，其中以土质、结构、酸碱度等最为重要。

苗圃土壤应是比较肥沃的砂土、壤土和轻黏土，石砾含量少，结构疏松，透水和透气良好，降雨时能充分吸收降水，地表径流少，灌溉时土壤渗透均匀，有利于幼苗出土和根系发育，也便于育苗作业和起苗等工作。

土壤酸碱度对苗木生长影响较大，不同树种对土壤酸碱度的适应能力不同，大多数针叶树适合中性或微酸性土壤，大多数阔叶树适合中性或微碱性土壤。一般而言，土壤中的含盐量应控制在 0.1% 以下，较重的盐碱土，不利于苗木生长，一般不宜作为苗圃地。

（3）水源

苗圃应设在靠近水源，如河流、湖泊、池塘或水库附近，如无以上水源，则应考虑有无可利用的地下水。但地表水源优于地下水源，地表水温度高，水质软，并有一定的养分，要尽量利用，灌溉用水最好为淡水，含盐量不超过 0.1% ～ 0.15%。地下水位不宜过深或过浅，一般砂土和壤土为 1.5 ～ 2.0m，轻黏土为 2.5m。

（4）病虫害

应调查苗圃及其附近的林木病虫害情况，掌握病虫害种类、危害程度和是否有进一步扩大的可能性，充分了解该病虫害对所培育苗木的危害性。

（5）经营条件

苗圃的位置，要以靠近造林地为原则，一般应设在造林地区的中心，使培育的苗木容易成活。

（6）周边地区居民对林业重要性的认识

群众对林业重要性的认识直接关系到对设立苗圃的满意程度，对今后苗圃的管理影响很大，设立苗圃时最好征得当地群众的同意。

4.1.3　建圃规划的内容

（1）圃地踏查测绘及区划

圃地选址确定后，规划设计人员应到圃地现场了解用地历史和人文现状，进行地形地势勘测、土壤调查取样、病虫草害调查、现有建筑及地上物调查等。

在踏查基础上进行细致测量及取样，绘制圃地地形图、CAD 平面图，将圃地上各种地上物及踏查信息标注到准确位置。

苗圃区划应根据苗圃的功能及自然地理情况，以有利于充分利用土地、方便生产管理、利于苗木生长、利于提高工作效率及经济效益为原则。苗圃区划常规被分为生产区和辅助区，通常生产用地面积不少于苗圃总面积的 80%，在保证管理需要的前提下，尽量增加生产区的面积，提高苗圃的生产能力。

苗木生产用地面积计算通常采用下式：

$$P = NA/n$$

式中　P——某树种、某类苗木的育苗面积，hm^2；

　　　N——该树种的计划年产量，株 / 年；

　　　A——该树种的培育年限，年；

　　　n——该树种单位面积产苗量，株 $/hm^2$。

这是理论计算值，实际工作中由于苗木培育、贮藏、出圃等作业过程要损失一些苗木，因此对计划苗木产量需要增加 5% 作为风险补偿，为计算苗圃面积留有余地。各树种育苗面积总和是全苗圃生产用地总面积。

（2）生产用地规划

生产用地是生产苗木的地块，通常包括播种区、营养繁殖区、移植区、大苗区、母树区、引种试验区、温室大棚区等功能区域，如果采用轮作制，应划分出轮作区。

1）播种区

播种育苗是苗圃繁育幼苗的重要手段，应选择最好的地块设立播种区。也称实生苗播种区要求土层深厚、肥沃疏松、灌排便利、便于管理。由于播种区育苗周转快，耗费地力，应在每年播种前进行土壤肥力测定，及时补充缺失的养分。

2）营养繁殖区

是培育扦插苗、压条苗、分株苗和嫁接苗的区域，与播种区功能和要求相近，根据树种特点及种苗大小，土壤条件可以略差一些。可以与温室区相结合或临近，便于灌水及遮阳管理。

3）移植区

在播种区、营养繁殖区内繁殖出的幼苗，需要扩大营养面积、分栽管理，进一步培养成较大苗木时，就需要移入移植区培育。园林苗木根据树种生长速度及规格要求，每隔2～3年，就要进行再次移植扩大株行距，增加营养面积。因此，移植区占地较大，对土壤要求中等，一般设在地块规整、有利于机械化操作的地段，同时也要考虑树种特性和园林应用的要求。通常移植区与大苗区紧邻，便于起苗、管理和运输。

4）大苗区

通常指培育树龄较大、树干胸径为5cm以上、单株占地面积大、根系发达的苗木生产区，是当前园林苗圃的主要占地区块。根据苗木的要求定植时间以及对土壤的要求，确定位置，要考虑出圃和管理的方便，同时要对永久性苗圃的大苗区进行定期追施农家肥或换新土，防止土地肥力衰竭。

5）母树区

大型苗圃、经营时间长的苗圃、需要自繁优质种子或穗条的苗木，需要建立母树区。在土质优良肥沃、排灌条件好、病虫害少的地块设置母树区，采种母树要注意花粉隔离，高大遮阴地要注意对西侧、北侧区域的遮光影响。无特殊要求的树种可以选用零星地块栽植，也可结合防护林、道路绿化、办公区绿化遮阴等地块栽植。

6）引种试验区

用于种植新引进的树种或品种，用于科研开发、培育新品种等试验栽植。要根据所栽树种及品种的要求选择土质疏松肥沃、小气候条件较好的地块，利于观察和管理。

7）温室大棚区

温室、大棚、荫棚等生产设施是现代苗圃必备的育苗场所。应根据生产树种及规模确定位置和大小，可靠近管理区，也可与管理区连体建设、节约土地、便于管理。

（3）辅助用地规划

苗圃辅助用地包括办公建筑、道路、排灌系统、场地仓库、防护林带等，这些用地总和要低于总面积的20%。

1）道路系统

道路是苗圃作业的脉络，大型苗圃设有一级、二级、三级道路和环路。一级道路是主干道路，是苗圃内部和对外运输的主要道路，多以办公区和主要操作区为中心设置，通常宽度为6～8m，能错开车，利于大苗木运输，标高高于圃地20cm。二级道路与主干道路垂直，连接主要耕作区，宽度为4m，便于大型货车运输苗木，标高高于圃地10cm。三级道路是作业道路，是耕作区之间的沟通路线，宽度为2m左右，可与圃地等高。中小型苗圃可不设二级道路,直接设三级道路。为保证车辆、机具回转,可根据需要设立环路;中小型苗圃可不再设立环路,但主路要能够保证车辆运输和错开车道,保证运输的同时,减少道路占地。

2)排灌系统

包括灌溉系统和排涝系统,二者可结合设立,减少土地占用。

灌溉系统包括渠道灌溉、管道灌溉、移动喷灌等形式,以喷灌形式集约化程度最高,用水效率高,操作质量好。播种区、扦插苗床更应采用可控自动喷灌系统,节约劳动力,提高育苗成苗率和整齐度。移植区、大苗区可采用管道灌溉或喷灌。

排涝系统虽然近几年应用较少,但不可省略,夏季几天积水就会造成很大损失,尤其对地势低洼的圃区更应认真设计排涝系统。排涝系统可与灌溉系统联合设计,渠道灌溉可一体化设计,同时把集水系统建立起来,为旱季积累用水。排涝系统同道路系统类似,但标高相反,支渠高、主渠低,分级设计,把地表径流逐步汇总到主排水渠。

3)办公建筑

办公建筑包括办公室、食堂、宿舍、实验室、绿化场地、车库、冷库、水电通信管理室等,由工作需要而定,随苗圃建设逐步改善,不一定一次建完,可设计预留地,为日后改进留有余地。总体原则是少占土地,节约用地。

4)场地仓库

场地仓库包括停车场地、机械仓库、堆肥场地、晾晒场、集散场地等,部分小苗圃将温室列入此项。这些场地因地而异,不一定必须设置,可根据各地、各苗圃特点选建。

5)防护林带

根据当地的风沙冻害的危害程度来设置防护林带的宽度和结构,创造适合苗木生长的小气候条件,小型苗圃可只设置在主风方向,大中型苗圃在四周设置,防护林也要考虑防护人畜侵入的作用,因此,在树种和栽植方式上要做出合理设计。

(4)园林苗圃设计图和编写说明书

1)绘制苗圃规划设计图

根据前期细致的勘测调查和规划原则的指导,将各类用地的具体位置标注在设计图上,为施工建设和日后管理提供依据。规划设计图要确定适宜比例尺,对各类用地名称或小区编号设置图例,尤其对道路、排灌管线、通信线路、水源、珍稀品种区域、重点建筑等应做出明显标志。

2)编写设计说明书

设计说明书是对规划设计图的文字说明和解释,包括圃地自然和经营条件、设计依据、规划目标、各类用地的区划、面积计算,以及各类用地的具体设计思路和设计方案,最后做出建立苗圃的投资预算。设计说明书包括:

① 前言:阐述苗圃的性质和任务,培育苗木的目的意义,苗木的特点和要求。

② 设计依据及原则:建立苗圃的任务书,设计苗圃时的各类资料,与苗圃生产有关的各项规定,为完成育苗任务,将达到的预期目标。

③ 苗圃的基本情况:包括苗圃的地理位置、经营条件、自然条件,以及相关的栽培历史资料,附近苗圃的生产状况。

④ 苗圃面积计算:根据苗圃育苗任务目标,分树种进行面积计算。

⑤ 苗圃地的区划：根据苗圃各类育苗任务的规模，将播种区、营养繁殖区、移植区、大苗区、母树区、引种试验区、温室大棚区、办公区、道路系统、排灌系统、机具仓库、堆肥场、防护林带等功能区域，按比例准确落实到圃地范围内。

⑥ 育苗技术设计：根据育苗规程，把主要树种的育苗技术措施细致列出，包括整地、改土、施肥、种子准备、种子催芽、播种时期、播种方法、苗期管理、除草松土、病虫防治、浇水排涝、起苗假植、越冬防寒等。

⑦ 苗圃建立经费概算和投资计划：根据现有的基础设施和设计建造的任务，分项计算所需经费数额，进一步计算育苗的各项直接费用、机具费用、人力、动力、畜力费用、水、电、交通运输、管理费用，最后汇总，核算建立总费用。另外，从苗圃的生态功能、社会功能、经济功能评估，明确苗圃建立的投资与回报率。

4.1.4　建圃施工的内容

（1）踏勘

由设计人员和经营人员到圃地范围内进行实地踏勘和调查访问工作，概括地了解圃地的现状、历史、地势、土壤、植被、水源、交通、病虫害、草害、有害动物、周围环境、自然村的情况等，提出改造各项条件的初步意见。

（2）测绘地形图

平面地形图是苗圃进行规划设计的依据。比例尺要求为 1/2000 ～ 1/500；等高距为 20 ～ 50cm。与设计直接有关的山、丘、河、井、道路、桥、房屋等都应尽量纳入测绘范围，圃地的土壤分布和病虫害情况亦应标清。

（3）土壤调查

根据圃地的自然地形、地势和指示植物的分布，选定典型地区，挖取土壤剖面，观察和记载土壤厚度、机械组成、pH 值、地下水位等，必要时可分层采样进行分析，弄清圃地内土壤的种类、分布、肥力状况，并提出土壤改良的途径，在地形图上绘出土壤分布图，以便合理使用土地。

（4）病虫害调查

主要调查圃地内的土壤地下害虫，如金龟子、地老虎、蝼蛄、金针虫、有害鼠类等。一般采用抽样法，每公顷挖样方土坑 10 个，每个面积 $0.25m^2$，深 40cm，统计害虫数目、种类。

（5）气象资料的收集

向当地的气象台或气象站了解有关的气象资料，如生长期、早霜期、晚霜期、晚霜终止期、全年及各月平均气温、最高和最低气温、土表最高温度、冻土层深度、年降雨量及各月分布情况、最大降雨量、降雨历时数、空气相对湿度、主风方向、风力等，此外还应了解当地小气候情况。

4.1.5　建圃施工的工序

第一，场地平整。即利用推出土机根据现场地块进行高差整形。第二，用挖掘机将基地分割成 5 块，每块基地四周需挖排水沟；将道路系统、房屋、大棚建设地块找平。第三，用翻耕机对地块全面深耕，翻耕深度 40cm，清出地表杂物，对每亩地施 4000kg 左右土杂肥，肥料内拌入 1.5kg 辛硫磷，浅耕耙平去地表杂物。第四，灌溉系统每百平方米接水龙头一个，另需蓄水池一个。第五，房屋建修、办公区、库房、卫生间、围墙等。第六，将培育基质料运进现场。第七，成品大棚搭建，设施进入现场。第八，工人进入现场，对地块处理，苗床整形。第九，苗木种源运入现场，开始培育生产。

4.2 苗圃的管理与经营

苗圃所处位置的经营条件直接关系到经营管理水平的高低和经济效益，经营条件主要包括以下几个方面：

1）交通便捷。选择靠近铁路、公路、水路、机场的地方，便于苗木和生产资料的运输。

2）劳动力、电力有保证。将苗圃设置在靠近村镇的地方，便于解决劳动力、电力问题，尤其在春秋苗圃工作繁忙的时候以补充临时性的劳动力。

3）科技指导。苗圃如能靠近科研单位、大专院校等地方，则有利于采用先进的生产技术，提高产品的科技含量。

4）远离污染源。有空气污染、土壤污染和水污染的地方，不宜选作苗圃，否则会影响苗木的正常生长发育，甚至危及苗木的生命。

4.2.1 育苗产品与技术的管理

（1）水分管理

通过喷雾的方式使材料的叶片保持水分，提高叶面的湿度，从而使叶片不至于干枯萎蔫。未生根材料的喷雾标准是：当上一次喷雾后叶片水分逐步挥发，到叶片尚未完全干，仍有水分的时候，开始下一次的喷雾。材料生根后，喷雾间隔的时间相对逐步延长。

（2）消毒杀菌管理

在没有植物的基质上进行消毒，可以使用高浓度消毒剂，如 1% 的高锰酸钾等常规消毒药物。每批苗木出圃之后都要进行消毒，尽可能减少残留的有害微生物。

（3）光照管理

棚内育苗可以适当遮阴，一般植物使用遮阴率 30% 左右的遮阴网即可，不可过分遮阴。全光照育苗无需遮阴，但要注意防止日灼烧苗。

（4）温度管理

自然温度育苗：只需注意在夏季打开大棚四周，注意通风降温。大棚育苗在秋季温度下降时逐步封闭大棚，以达到增温促长的目的。控温育苗：冬季应当使温度保持在 25℃左右，夏季保持在 30℃左右。

4.2.2 苗圃生产育苗成本控制

我国园林苗圃的发展尚处于产业初步发展阶段，园林苗圃的管理大部分简单、粗放，表现在缺乏完善且适宜的成本管理措施及科学化的运营模式。对此，园林苗圃生产经营企业在管理上应根据苗圃生产特点，科学制定管理目标，在苗木生产过程中，利用科学方法，严格控制人工、材料、机械等费用支出，全方位控制成本，通过成本预测、计划、实施、核算、分析等实现预期生产成本目标，充分发挥园林苗圃生产企业商业能力和生产组织能力，在降低成本的同时，提高产出，从而提升经济效益。

我国园林苗圃尚处于起步阶段，对园林苗圃生产成本的控制有利于提升园林苗圃企业效益，维护园林苗圃形象，为园林苗圃企业赢得更大市场。在生产成本控制上，可吸取国外先进经验，从质量成本控制出发；在苗圃建设上，加强质量监管与成本管控，以低成本打造高品质苗圃，提高园林苗圃企业经济效益。

第5章 园林植物识别技术

5.1 常见园林树木识别与应用

5.1.1 常见针叶树

（1）水杉 杉科 水杉属

【形态特征】

落叶大乔木，高达40m，幼时树冠呈尖塔形，后变为圆锥形。树皮呈灰褐色，纵裂。树干通直圆满，基部常膨大。大枝近轮生，小枝和侧芽对生，冬芽显著，芽鳞交互对生。叶交互对生，长为0.8～3.5cm，叶基扭转排成两列，条形扁平，冬季与侧生无芽小枝一同脱落。雄球花单生于去年生枝侧，排成圆锥形花序状；雌球花单生枝顶。雄蕊、珠鳞交互对生。球果近球形，具长梗。种鳞木质，盾状，发育种鳞具种子5～9粒。种子扁平，周围有狭翅。花期为2～3月，球果在10～11月成熟。水杉见图5-1-1。

图 5-1-1　水杉

【栽培品种】

金叶水杉，叶片在整个生长期内，均呈现出明亮的金黄色。

【分布与习性】

是我国特产，分布于湖北、四川、湖南交界处，现世界各地广植，在我国已成为长江中下游平原河网地区重要的"四旁"绿化树种。阳性树，喜温暖湿润气候，抗寒性颇强，在东北南部可露地越冬。喜深厚肥沃的酸性土，在中性至微碱性土上亦可生长，能生于含盐量 0.2% 的盐碱地上，耐旱性一般，稍耐水湿，但不耐积水，对烟害抗性中等。

【繁殖方法】

播种或扦插繁殖。

【观赏特性园林用途】

水杉是我国亚热带特产树种，国家一级重点保护树种，著名的孑遗植物，其树史可追溯到白垩纪。树姿壮丽优美挺拔，叶色翠绿鲜明，秋叶转棕褐色，是著名风景树。最宜列植或群植于堤岸、溪边、池畔等近水处，或可群植成纯林并配以常绿地被植物于林下，或可与常绿针、阔叶树组成混交林，可于秋季叶色转黄形成色彩鲜明的景观，亦可栽植于道路两旁或建筑物前，并兼有固堤护岸、防风效果。

（2）落羽杉 杉科 落羽杉属

【形态特征】

落叶乔木，高达 50m，树干尖削度大，基部常膨大，具膝状呼吸根。一年生小枝呈褐色。着生叶片的侧生小枝排成两列，冬季与叶俱落。叶呈条形，长 1～1.5cm，扁平，螺旋状着生，基部扭转成羽状，排列较疏。球果圆球形，径约 2.5cm。花期在每年 3 月，球果在每年 10 月成熟。落羽杉见图 5-1-2。

图 5-1-2　落羽杉

【分布与习性】

原产北美东南部，生于亚热带沼泽地区。在我国华东等地常见栽培。强阳性，不耐庇荫；喜温暖湿润气候；极耐水湿，能生长于短期积水地区；喜富含腐殖质的酸性土壤。

【繁殖方法】

播种或扦插繁殖。

【观赏特性园林用途】

树形高耸挺秀壮丽，性好水湿。常有奇特的屈膝状呼吸根伸出地面，新叶嫩绿，入秋变为红褐色，是世界著名的园林树种，曾为意大利式庭园造园主要材料之一。适于水边、湿地造景，可列植、丛植或群植成林，也是优良的公路树。在我国江南平原地区，作为农田林网树种。

（3）池杉 杉科 落羽杉属

【形态特征】

落叶乔木，高达 25m，树冠狭窄，呈尖塔形或近于柱状，大枝向上伸展。叶钻形，长为 4 ～ 10mm，略内曲，常在枝上螺旋状伸展，下部多贴近小枝。花期为 3 ～ 4 月，球果在 10 月成熟。池杉见图 5-1-3。

图 5-1-3　池杉

【分布与习性】

原产北美东南部沼泽地区，我国华东常见栽培，耐水湿能力强。

【繁殖方法】

同落羽杉。

【观赏特性园林用途】

新叶嫩绿，入秋变为红褐色，在公园的沼泽和季节性积水地区营造"水中森林"之景，别有一番情趣。其他园林用途可参考落羽杉。

（4）苏铁 苏铁科 苏铁属

【形态特征】

常绿乔木，在热带地区高达 8 ～ 15m。主干柱状，常不分枝，有明显螺旋状排列的菱形叶柄残痕。叶型：羽状营养叶集生于茎端，全裂，中脉显著；鳞片状叶褐色，互生于主干上，外有粗糙绒毛。羽状营养叶革质坚硬，条形，长为 8 ～ 18cm，宽为 4 ～ 6mm，边缘显著反卷。雌雄异株，球花单生于树干顶端，雄球花长呈圆柱形，长为 30 ～ 70cm，雌球花为扁球形，长为 14 ～ 22cm，种子为倒卵形，微扁，呈红褐色或橘红色，长为 2 ～ 4cm。外种皮肉质，中种皮木质，内种皮膜质。花期为 6 ～ 8 月，种熟期在 10 月。苏铁见图 5-1-4。

【分布与习性】

原产于我国东南沿海和日本，在我国华南和西南地区常见栽植，长江流域和华北多为盆栽。喜光，喜温暖湿润气候，不耐寒；喜肥沃湿润的砂壤土，不耐积水；生长缓慢，寿命长。

【繁殖方法】

分蘖、播种或埋插等法繁殖。

【观赏特性园林用途】

树形古朴，主干粗壮坚硬，叶形呈羽状，四季常青，为重要观赏树种。可孤植、丛植于建筑附近或草地，可作花坛中心树，亦可列植作园路树，羽叶是插花衬材和造型材料。是我国北方常见大型盆栽植物，布置在厅堂或广场、花坛和花台。苏铁栽培历史悠久，大约从唐代开始栽培观赏，与我国民俗文化和佛教文化有着密切的关系。

图 5-1-4　苏铁

（5）雪松 松科 雪松属

【形态特征】

树冠呈塔形，枝下高较低。树皮呈淡灰色，有不规则块片剥落。小枝细长，微下垂，一年生枝呈淡灰黄色，密生短绒毛。针叶长 1.5 ～ 5cm。球果为卵形或椭圆状球形，长7 ～ 12cm，熟时呈红褐色。种子呈三角形，种翅宽大。花期在每年 10 ～ 11 月，球果在翌年 10 月成熟。雪松见图 5-1-5。

图 5-1-5　雪松

【分布与习性】

原产于喜马拉雅山西部及喀喇昆仑山海拔 1200 ～ 3300m 地带，在我国西藏西南部有天然林，我国城市园林应用的雪松最早于 20 世纪初由国外引进栽培。喜温和湿润气候，亦耐寒，大苗可耐短期 −25℃低温。阳性树、苗期及幼树较耐阴。喜土层深厚而排水良好的微酸性土，忌盐碱，耐旱，忌积水，性畏烟，嫩叶对二氧化硫十分敏感。浅根性，抗风性弱。

【繁殖方法】

播种、扦插或嫁接繁殖。

【观赏特性园林用途】

雪松是世界五大公园树种之一，树体高大，树形优美，下部大枝平展自然，常贴近地面，显得整齐美观。最适宜孤植于草坪、广场、建筑前庭中心、大型花坛中心，或对植于建筑物两旁或园门入口处；也可丛植于草坪一隅。成片种植时，雪松可作为大型雕塑或秋色叶树种的背景。由于树形独特，下部侧枝发达，一般不宜和其他树种混植。

（6）白皮松 松科 松属

【形态特征】

高 30m，或从基部分成树干。树冠为阔圆锥形或卵形。老树树皮有片状剥落，内皮为乳白色；幼树树皮为灰绿色，平滑。一年生枝灰为绿色，无毛，冬芽为红褐色，叶三针一束，粗硬，长 5 ～ 10cm，略弯曲，叶鞘早落。球果为卵形，长 5 ～ 7cm，熟时为淡黄褐色；鳞盾近菱形，横脊显著；鳞脐背生，具三角状短尖刺；种翅短，易脱落。花期在每年 4 ～ 5 月，球果在翌年 10 ～ 11 月成熟。白皮松见图 5-1-6。

图 5-1-6　白皮松

【分布与习性】

是我国特产，分布于陕西、山西、河南、甘肃南部、四川北部和湖北西部，在辽宁以南至长江流域各地广泛栽培。适应性强，耐旱、耐寒，但不耐湿热，对土壤要求不严，在中性、酸性和石灰性土壤上均可生长。为阳性树，对二氧化硫及烟尘污染抗性较强。

【繁殖方法】

播种繁殖，种子应层积处理，应注意防治立枯病。

【观赏特性和园林用途】

白皮松是珍贵观赏树种，树干呈斑驳的乳白色，极为醒目，衬以青翠的树冠，独具奇观。旧时多植于皇家园林和寺院中，如北京景山、碧云寺等，北海团城现存有 800 多年生的白皮松。白皮松可与假山、岩洞、竹类植物配植，使苍松、翠竹、奇石相映成趣，明朝吕初泰《雅称》中所谓"松骨苍，宜高山，宜幽洞，宜怪石一片，宜修竹万竿，宜曲洞邻邻，宜寒烟漠漠。"另外，白皮松又可孤植、丛植、群植于山坡草地，或列植、对植等。

（7）黑松 松科 松属

【形态特征】

树皮呈黑灰色，裂成不规则较厚鳞状块片；幼树树冠呈狭圆锥形，老时呈伞形；小枝呈淡褐黄色，粗壮。冬芽银白色，圆柱形；叶两针一束，粗硬，长 6 ～ 12cm，径 1.5 ～ 2mm；树脂道 6 ～ 11，中生，叶先端针刺状。球果圆锥形，长 4 ～ 6cm，熟时呈褐色，鳞盾微肥厚，横脊显著，鳞脐微凹有短刺。花期在每年 4 ～ 5 月，球果翌年 10 月成熟。黑松见图 5-1-7。

图 5-1-7　黑松

【分布与习性】

原产日本及朝鲜，我国东部各地有栽培。喜光并略耐阴，喜温暖湿润的海洋性气候；对土壤要求不严，并较耐碱，在 pH 值为 8 的土壤上仍能生长；耐干旱瘠薄，忌水涝，深根性。

【繁殖方法】

播种繁殖。

【观赏特性和园林用途】

冬芽银白色，极为醒目，造景形式与油松相近，可参考之。另外，黑松耐海潮风，为著名的海岸绿化树种，是我国东部和北部沿海地区优良的海岸风景林，是防风、防潮和防沙树种，也是制作树桩盆景的材料，并可嫁接日本五针松或雪松之砧木。

（8）日本五针松 松科 松属

【形态特征】

在原产地树高为25m，树冠呈圆锥形，树皮呈灰黑色，裂成鳞状块片脱落。小枝密生淡黄色柔毛；叶呈蓝绿色，五针一束，较短细，长为3.5～5.5cm，有白色气孔线有两个树脂道，边生。叶鞘早落。球果呈卵形或卵状椭圆形，长为4～7.5cm。种鳞呈圆状倒卵形，鳞脐凹下。种子具长翅。日本五针松见图5-1-8。

图5-1-8 日本五针松

【分布与习性】

原产于日本，在中国华东地区也常见。耐阴性较强，对土壤要求不严，但喜深厚湿润而排水良好的酸性土，生长缓慢。

【繁殖方法】

播种、扦插或嫁接，其中以扦插和嫁接较为常用。

【观赏特性和园林用途】

树姿优美，枝叶密集，针叶细短而呈蓝绿色，望之如层云簇拥，为珍贵园林树种。以其树体较小，适宜在小型庭院内与山石、厅堂配植，常丛植。在日本，本种是小巧玲珑的茶庭中常用的植物材料。日本五针松也是著名的盆景材料，尤其是短叶和矮生品种，更是盆景材料之珍品。

（9）侧柏 柏科 侧柏属

【形态特征】

乔木，高为20m，幼树树冠呈尖塔形，老树为圆锥形或扁圆球形。老树干多扭转，树皮呈淡褐色，细条状纵裂。小枝扁平，排成一平面。叶鳞形，交互对生，呈灰绿色，长为1～3mm，先端微钝。雌雄同株于小枝顶端，雌球花有4对珠鳞，仅中间两对珠鳞各有1～2胚珠。球果当年成熟，开裂、种鳞木质，背部中央有一反曲的钩状尖头。种子呈卵圆形，无翅，花期在3～4月，球果在9～10月成熟。侧柏见图5-1-9。

图 5-1-9　侧柏

【分布与习性】

原产于中国东北、华北，经陕、甘、西南遍布川、黔、滇等地，现栽培几乎遍布全国。适生范围极广，喜温暖湿润，也耐寒，可耐 –35℃低温。喜光。对土壤要求不严，无论在酸性土、中性土或碱性土均可生长。耐旱力强，忌积水。萌芽力强，耐修剪，抗污染。

【繁殖方法】

播种繁殖，各品种常采用扦插、嫁接等法繁殖。

【观赏特性和园林用途】

树姿优美，幼树树冠呈卵状尖塔形，老树则呈广圆锥形。在园林中应用广泛，已有 2000 余年的栽培历史。

（10）圆柏　柏科　圆柏属

【形态特征】

为常绿乔木或灌木，高达 20m，冬芽不显著。树冠呈尖塔形或呈圆锥形，老树则呈广卵形、球形或钟形。树皮呈灰褐色，裂成长条状。鳞叶交互对生，先端钝尖，生鳞叶的小枝径约为 1mm；刺叶常 3 枚轮生，长为 6～12mm，基部无关节、下延生长。球花单生枝顶。球果呈浆果状，近球形，种鳞肉质合生，径为 6～8mm，熟时呈暗褐色，被白粉。种子为 2～4 粒，呈卵圆形。花期在 4 月；球果在次年 10～11 月成熟。

【分布与习性】

在我国分布广泛，多生于海拔 2300m 以下，在朝鲜、日本、缅甸也有分布。喜光，耐寒且耐热（耐 –27℃低温和 40℃高温）。对土壤要求不严，能生于酸性土、中性土或石灰质土中，对土壤的干旱和潮湿均有一定抗性，耐轻度盐碱。抗污染，并能吸收硫和汞，阻尘和隔声效果良好。

【繁殖方法】

播种繁殖，各品种采用扦插或嫁接繁殖。

【观赏特性和园林用途】

著名的园林绿化树种,常植于庙宇、墓地等处。在公园、庭院中应用也极为普遍,列植、丛植、群植均适宜,耐修剪、耐阴,是优良的绿篱材料,品种繁多,观赏特性各异。龙柏适于建筑旁或道路两旁列植、对植,也可作为花坛中心树。鹿角桧适于悬崖、池边、石隙、台坡栽植,或于草坪上成片种植。球柏适于规则式种植,尤适于花坛、雕塑、台坡边缘等地环植或列植。圆柏见图5-1-10。

图5-1-10 圆柏

(11)罗汉松 罗汉松科 罗汉松属

【形态特征】

常绿乔木,高20m。树冠广,呈卵形。树皮薄,呈鳞片状脱落。枝开展或斜展,较密。叶为条状披针形,两面中脉显著,无侧脉,螺旋状互生。种子未熟时呈绿色,熟时假种皮呈紫褐色,被白粉,着生于膨大的种托上;种托肉质,呈红色或紫红色。罗汉松见图5-1-11。

图5-1-11 罗汉松

【分布与习性】

生长于我国长江流域以南至华南、西南。日本也有分布。较耐阴，为半阳性树种，不耐寒，能耐潮风，在海边生长良好，耐修剪，寿命长。

【繁殖方法】

播种及扦插繁殖。

【观赏特性园林用途】

树形优美，四季常青，有绿色的种子和红色的种托，好似许多披着红色袈裟打坐的罗汉，因此得名。满树紫红点点，颇富奇趣。可孤植作为庭荫树，或对植、散植于厅堂之前，另可作为绿篱，或用于厂矿区绿化。

5.1.2　常见阔叶树

（1）牡丹 芍药科 芍药属

【形态特征】

多年生落叶小灌木，生长缓慢，株型小，株高多在 0.5 ～ 2m。枝多、粗壮，老茎呈灰褐色，当年生枝呈黄褐色。二回三出羽状复叶、互生、枝上部常为单叶，小叶片有披针、卵圆、椭圆等形状，顶生小叶常为 2 ～ 3 裂，叶上面深绿色或黄绿色，下为灰绿色，光滑或有毛;总叶柄长 8 ～ 20cm，表面有凹槽。花单生茎顶，花径 10 ～ 30cm，花色有白、黄、粉、红、紫红、紫、墨紫（黑）、雪青（粉蓝）、绿、复色，有单瓣、复瓣、重瓣和台阁型花。花萼有 5 片，雄雌蕊常有瓣化现象。花期在每年 4 ～ 5 月，果期在每年 9 月。牡丹见图 5-1-12。

图 5-1-12　牡丹

【分布与习性】

原产于我国西部秦岭和大巴山一带山区，现各地有栽培。喜阴，不耐阳;喜凉恶热，宜燥惧湿，可耐 -30℃ 的低温。要求疏松、肥沃、排水良好的中性土壤或砂土壤，忌在黏土或低温处栽植。

【繁殖方法】

常用分株和嫁接法繁殖。分株繁殖适于各品种，在每年 9 ～ 10 月，将 4 ～ 5 年生植株挖出，去附土，阴干 1 ～ 2 天后，短截茎干，用手或利刀分 3 ～ 5 份，每份必带适当根系和至少 3 ～ 5 个蘖芽，切口处用 1% 硫酸铜溶液消毒，晾干后栽植。嫁接繁殖在每年 9 ～ 10 月进行，一般以芍药的肉质根作砧木，选用牡丹根际萌发的新枝或枝干上一年生短枝作为接穗，枝接法，接穗削成一侧厚、一侧薄，接后用麻绳捆牢，沾泥浆后栽植。

【观赏特性与园林用途】

牡丹花大而美，香色俱佳有"国色天香"的美称，是我国传统名花，被称为"花中之王"。观赏栽培约始于南北朝，唐朝传入日本，1656 年以后，欧洲引种，20 世纪初传入美国。

（2）梅 蔷薇科 杏属

【形态特征】

小乔木，高 8m，小枝光绿无毛。叶卵形或椭圆形，长为 4 ～ 8cm，先端尾尖，基部为楔形或圆形，具尖锯齿，长成叶两面无毛；叶柄长为 1 ～ 2cm。花单生，稀 2 朵簇生，近无梗，白色、淡红或紫红色，直径为 2 ～ 2.5cm，有浓香；子房密被毛。果近球形，黄色或绿白色，被柔毛，味酸少汁，果肉不亦与核分离；核卵圆形，有蜂窝状点纹（图 5-1-13）。

图 5-1-13 梅

【分布与习性】

原产于我国华中至西南山区，现以长江流域为中心产区，南至广州、北至北京均有栽培。喜光，喜温暖湿润气候，对土壤要求不严。

【繁殖方法】

嫁接、扦插、压条或播种繁殖，以嫁接繁殖应用最多。砧木可选用桃、山桃、杏、山杏或梅实生苗。

【观赏特性与园林用途】

在我国栽培已有 3 千余年，是我国特有的传统花木和果木，梅临冬或早春开，不畏寒冷，与松、竹共为"岁寒三友"。适合于庭院、草坪、公园、山坡各处栽植，可孤植、丛植，亦可群植、林植，亦是著名的盆景材料。

果供生食或加工为蜜饯，经熏制成乌梅可入药，有止咳、止泻、生津、止渴之效。

（3）月季花 蔷薇科 蔷薇属

【形态特征】

灌木，高 1.5m，茎具钩刺或无刺。小叶为宽卵形或卵状长圆形，长为 2.5 ～ 6cm，先端渐尖，具尖齿，两面无毛；托叶贴生于叶柄上，顶端分离为耳状。花单生或几朵集生，色泽各异，径为 4 ～ 5cm，常为重瓣；萼片呈尾状长尖，边缘常有羽状裂片；花柱分离，伸出萼筒口外，与雄蕊等长；果卵呈球形或梨形，长 1 ～ 2cm，萼片脱落；花期为 4 ～ 9 月。月季花见图 5-1-14。

图 5-1-14　月季

【分布与习性】

原产于我国，国内除极干寒地区外均有栽培，国外广为引种栽培，并培育出许多优美品种。月季适应性强，喜光，但侧方遮阴对开花最为有利；喜温暖气候，不耐严寒和高温，主要开花季节为春秋两季，夏季开花较少。对土壤要求不严，但以富含腐殖质而且排水良好的微酸性土壤为最佳。

【繁殖方法】

扦插或嫁接繁殖。

【观赏特性与园林用途】

花大而芳香，花期长，色泽各异，适应性强，繁殖易。我国自古即有栽培的习俗，为著名花木，或植于花坛，或作为盆栽、瓶花，是园林中应用最广泛的花灌木。杂种茶香月季是重要的切花材料。丰花月季适于表现群体美，宜成片种植或沿道路、墙垣、花坛、草地列植或环植，形成花带、花篱。壮花月季可孤植、对植。藤本月季可用于垂枝绿化。微型月季适合盆栽，也可用作地被、花坛和草坪的镶边。

花可被提取香精，用于化妆品和食品生产，药用可通经、消肿，叶可治跌打损伤。

5.2　常见园林花卉识别与应用

（1）凤仙花 凤仙花科 凤仙花属

【形态特征】

一年生草本。高为 30 ～ 80cm，茎肉质，呈浅绿或红褐色，节部膨大；叶互生，宽披针形，叶柄有腺体。花单朵或数朵腋生，或呈总状花序状。萼片 3，绿色，下方 1 枚具后伸之距，花瓣状；花瓣 5，旗瓣有圆形凹头，翼瓣舟形，基部延伸成一内弯的细距。花色有白色、粉红色、玫瑰红色、鲜红色、紫色等。蒴果呈纺锤形，熟时果皮瓣裂向上翻卷，种子弹落；花期在 6 ～ 8 月，果熟期在 7 ～ 8 月。另有新几内亚凤仙花、何氏凤仙花。凤仙花（图 5-2-1）。

图 5-2-1 凤仙花

【分布与习性】

原产于印度、中国和马来西亚。中国各地庭园有广泛栽培。性强健、喜温暖、耐炎热、喜阳、畏寒冷；对土壤要求不严，喜湿润、排水好的土壤。

【繁殖方法】

3～4月播种育苗，发芽迅速而整齐，能自播。

【观赏特性与园林用途】

凤仙花如鹤顶、似彩凤，姿态优美，妩媚悦人，是我国民间栽培已久的花卉。花期长、花色丰富，栽培容易，是花坛、花境的常用材料，可丛植、群植和盆栽，也可作为切花水养。

（2）鸡冠花 苋科 青葙属

【形态特征】

一年生草本，高为25～100cm，茎直立，粗壮，少分枝。叶互生，有柄，呈卵状至线状，叶色为绿色或红色，全缘，先端渐尖；穗状花序顶生，肉质、扁平，顶部边缘呈波状，具绒质光泽，似鸡冠，花序上部花多退化，而密被羽状苞片，中下部集生小花，花被5，干膜质；苞片及花被呈紫红色或黄色；胞果，种子多，呈黑色，具光泽；花、果期在7～10月。鸡冠花见图5-2-2。

图 5-2-2 鸡冠花

栽培类型很多，按株高分有矮茎种，高为 20～30cm；中茎种，40～60cm；高茎种，60cm 以上。按花期分有早花和晚花；按花序形状分球形和扁球形；按花色有各种黄色、红色、黄红间色或洒金、杂色等。栽培上常见到圆绒鸡冠花和火炬鸡冠花的应用。

【分布与习性】

原产南亚地区，现全国各地广泛栽培。喜炎热、干燥、不耐寒，喜阳，忌阴湿，要求肥沃疏松的砂土。

【繁殖方法】

春播育苗，能自播繁衍。

【观赏特性与园林用途】

鸡冠花因其花序红色、扁平状、形似鸡冠而得名，享有"花中之禽"的美誉，是园林中著名的露地草本花卉之一。形状色彩多样，鲜艳明快，有较高的观赏价值，是重要的花坛花卉。对二氧化硫、氯化氢具良好的抗性，可起到绿化、美化和净化环境的多重作用，适宜作厂矿绿化用，称得上是一种抗污染环境的大众观赏花卉。高茎种可用于花境、点缀树丛外缘，做切花、干花等，矮生种用于栽植花坛或盆栽观赏。

（3）一串红 唇形科 鼠尾草属

【形态特征】

多年生草本，为一年生栽培。茎基木质化，株高为 30～90cm，茎四棱，光滑。叶对生，卵形，先端渐尖，叶缘有锯齿。顶生总状花序，有花 10 余朵，轮生。苞片卵形深红色，早落。花萼钟状，红色 2 唇，宿存，与花冠同色；花冠筒状，伸出萼外，先端唇形，花冠鲜花色，小坚果卵形。花期在 7～10 月，果熟期在 8～10 月。变种有矮一串红，高仅为 20～30cm，花亮红色，还有白、粉色，及丛生一串红等栽培类型（图 5-2-3）。

图 5-2-3　一串红

【分布与习性】

原产南美洲，世界各地广泛栽培。较耐寒，忌霜冻，喜阳，略耐阴，耐干旱，喜疏松肥沃排水良好的土壤。

【繁殖方法】

以春播育苗为主，也可结合摘顶芽扦插，但以播种较多。

【观赏特性与园林用途】

常用作花坛、带状花坛、花丛的主体材料，也常植于林缘、篱边或作为花群的镶边。盆栽后是配置盆花群的好材料，在北方地区常作盆栽观赏。

第6章　园林植物育苗技术

6.1　园林植物的种子生产

园林植物的继代繁殖，主要依靠种子。园林植物包含木本和草本两类植物，园林植物的种子生产范围广泛，品种庞杂。本章试图以木本植物为主，兼顾讨论草本植物的种子，特别是良种的形成和发育规律，种子采摘原则，种子调制方法，种子品质检验技术和种子贮藏的习性和方法，做到良种壮苗，有目的、有计划地连续生产。

（1）植物的年龄

所有植物，无论乔木、灌木还是草本，都要经过一定的营养生长阶段，在体内积聚足够的营养物质，才能开花结实。植物开始开花，标志着植物幼年期已经结束，开始进入以生殖生长为主的成年期。植物开始结实的年龄差异很大。多草本花卉，开花结实常常只要1年或更短一些的时间。植物开始结实的年龄，主要取决于植物种的遗传特性。一般来说，草本比灌木开花结实早，灌木又比乔木早，速生种比慢生树种早，在同一种植物中，无性繁殖的植株比有性繁殖得早。

（2）植物的生长发育状况

树木到达开花结实的年龄后，能否顺利开花，既取决于树木本身的生长发育状况，也取决于水、肥、气、热等综合环境条件的影响以及人类的经营活动。

6.1.1　园林植物种实的采集

（1）园林植物的结实年龄

树木包括乔木和灌木，都是多年生、多次结实的植物（竹类除外），实生树木一生要经历种子时期（胚胎时期）、幼年时期、青年时期、成年时期和老年时期5个时期，而其开花结实则需要生长发育到一定的年龄才能开始进行。对不同树种而言，每个时期开始的早晚和延续的时间长短都不同。即使是同一树种在不同的环境条件影响下，其各个时期也有一定的延长或缩短。由此可见，树木开始结实的年龄，除了受年龄阶段的制约外，还取决于树木的生物学特性和环境条件。不同的树种，由于生长、发育的快慢不同，开始结实的年龄也不同。一般喜光的、速生的树种发育快，开始结实的年龄也小；反之，耐阴、生长速度慢的树种开始结实的年龄较大。乔木与灌木相比，乔木开始结实的年龄大，灌木开始结实的年龄小。

（2）园林植物的结实间隔期

1）结实间隔期的概念

①丰年。结实量多的年份，称为丰年（大年、种子年）。

②歉年。结实少或不结实的年份，称为歉年（小年）。

③平年。结实中等的年份，称为平年。

④结实的间隔期。相邻两个丰年间隔的年限，可称为园林植物结实的间隔期。

2）影响结实间隔期的因素

植物本身营养充足，气候条件好，土壤肥沃，为丰年；植物本身营养不足，气候条件差，为歉年。丰年种实质量好，歉年种实质量差。影响园林植物开花结实的因素有：

①温度。花芽分化期、开花期，突然的降温或极高温，都会影响结实。

②降水。开花期连续下雨，影响授粉。

③光照。光照充足，种子数量多、质量好。

④土壤。水分、肥料充足，结实量大。

⑤生物因子。主要是病虫害的影响。

⑥开花习性。主要影响结实。

（3）采集时间

采集种子前首先要鉴定种子的成熟度。通常种胚具有发芽能力时，即表明种子已达生理成熟。但在多数情况下，生理成熟的种子，其内部营养物质仍处于易溶状态，干物质积累还不充分，种子的含水量很高，种皮还没有具备保护种胚的特性，这种种子不适于贮藏。因此，生产上通常不是以生理成熟，而是以形态成熟作为采种期的标志。但是有些树种为了提早成苗，进行嫩籽采种，应立即就地播种，如枳壳嫩籽播种的成苗率就很高。

6.1.2　园林植物种实的调制

（1）种实采集时间

种实采集要考虑成熟期、脱落期、脱落持续时间。针叶树前期脱落的种子质量好，阔叶树中期脱落的种子质量好。

1）成熟后立即脱落或随风飞散的小粒种子：一般为了防止这类种子丢失，必须在成熟之前收获。收获时往往种子发育可能不一致，部分种子不成熟。

2）成熟后立即脱落的大粒种子：脱落后及时从地面上收集，或在立木上采集。

3）成熟后较长时间种实不脱落：有充分的种实采集时间，但仍应在形态成熟后及时采种，否则，种实长时间挂在树上，易受虫害和鸟类啄食，导致减产和种子质量下降。为了获得优良纯正的种子，除及时采收外，还要选择优良采种树，并切忌搞错品种；选择果实发育好、肥大、端正的果实。

（2）种实采集应注意事项

1）做好种源调查，确定采种时期。

2）掌握采种技术，安全操作。

3）必须严格选择母树，防止不分母树好坏，见种就采的做法。

4）注意采种时间，以无风晴天为好。

5）保护母树，防止大枝、新梢和幼果折损。

6）分清种源，分批登记，分别包装，包装容器内外均应编号。

（3）任务实施

1）选择优良的采种母株

母株应选择生长健壮、株形丰满、无病虫害、具有优良性状的壮年树。这样采集的种子充实饱满、品质纯正、发芽率高、出苗整齐、幼苗健壮。

2）种子采集

① 采种前准备。主要是采种所需的各种工具，有修枝剪、高枝剪、采种镰刀、采种钩、采种布、采种袋、簸箕和扫帚等。安全工具有安全绳、安全带、安全帽和采种梯等。有条件的可以配备采种机械及运输车辆。

② 地面收集。一些种实粒大、在成熟后脱落过程中不易被风吹散的树种，都可以待其脱落后在地面收集。为了便于收集，在种实脱落前宜对林内地表杂草和死亡地被物加以清除。还可以用震动树干的方法，促使种实脱落，在地面收集。

③ 植株上采集。适于种粒小，容易被风吹散的树种。应在种实成熟后，脱落前，上树摘取种实。可用各种机器、工具直接在植株上采收。

A. 机器采收（如摇树机采种）。美国人用摇树机在湿地松种子园采种，将机械安装在有自动传送设备的底盘上，有一个钳夹装置，夹住90cm粗树干震动树干，可摇落80%的湿地松球果。摇树机把球果振落后，用真空吸果机将球果收集起来，或用反伞状承受器将种子收集在一起运走，适于种子园采种。

B. 振动式采种机。德国有"肖曼"振动式采种机，由振动头、举升臂、支承架和液压系统等几部分组成。振动头上有夹持器的振子，夹持器的两侧用橡胶或尼龙作为衬垫，以防损伤树干。夹持树干的最大直径为50～55cm。举升臂的最大升起高度为3～4m，振动头可绕连接点旋转45°，总重650kg（拖拉机重量不计在内）。

④ 绳套上树采种。因携带方便，操作简单，不受地形地势制约，是常用的立木采种方法。

A. 脚踏蹬上树采种。利用钢铁制成带有尖齿的脚踏工具，作业时上部绑在腿的内侧，下部则与脚绑牢，利用脚踏内侧的尖齿扎入树皮，以能承受人体重量为准。左右脚交替蹬树，双手环抱树干攀登上树。

B. 上树梯上树采种。利用竹木或钢铝轻合金制成的双杆梯或单杆梯，上树采种。

⑤ 直接采收。植株低矮的品种，可直接用手或借助采种钩、镰、高枝剪等工具，在地面上立木采集。草本园林植物多采用此方法采收。对不宜散落的花卉种类，可以在整个植株全部成熟后，将全株拔起，晾干脱粒。

（4）种子净种和种子干燥相关知识

种实的调制，又叫种实的处理，就是将采集来的林木球果、干果、肉质果中的种子从果实中取出，并去除杂质。调制措施包括脱粒、去翅、净种、干燥和精选等步骤，为了获得纯净、适于运输、贮藏与播种的优良种子。

净种的方法

① 风选。利用风力将饱满种子与夹杂物分开。由于饱满种子和夹杂物以及空粒的重量不同，利用风力将其分开，适用于多数树种的种子。风选工具有风车、簸箕、木锨等。

② 筛选。利用种子与夹杂物直径的不同，清除大于或小于种子的夹杂物。先用大孔筛使种子与小夹杂物通过，大夹杂物被截留、清出。再用小孔筛将种子截留，让尘土和细小杂物通过，还应配合风选、水选。

③ 水选。利用种粒与夹杂物密度不同，将有夹杂物的种子在筛内浸入慢流水中，有夹杂物、受病虫害的或发育不良的种粒上浮漂去，良种则下沉。经水选后的种子不宜曝晒，只宜阴干。水选的时间不宜过长，以免上浮的夹杂物、空粒吸水后慢慢下沉。水选

还可用其他溶液，根据种子密度不同，可采用盐水、黄泥水、硫酸铜、硫酸铵等溶液净种。

6.1.3　园林植物种子生活力的测定

（1）取样

从测定净度后的纯净种子中随机数 100 粒种子作为一组重复，共取 4 组重复。此外还需抽取约 100 粒种子作为后备，以便代替取胚时被弄坏的种子。

（2）浸种取胚

将 4 组样品和后备种子浸入室温水中。浸种时间因树种而异，浸种后，分组取胚，沿种子的棱线切开种皮和胚乳，取出种胚，放在盛有清水或垫有潮湿滤纸、纱布的玻璃器皿里，以免种胚干燥萎缩而丧失生活力。取胚时随时记下空粒数、腐烂粒数、感染了病虫害的种粒数，以及其他显然没有生活力的种粒数，分组记入记录表。若取胚时由于人为原因而破坏种胚，可以从后备组中任取一粒种胚补上。大粒种子如板栗、锥栗、核桃、银杏等可取"胚方"染色。

（3）溶液配制

将靛蓝用中性蒸馏水配成浓度为 0.05% ～ 0.1% 的溶液，随配随用，不宜存放过久，试剂的用量应该完全浸没种胚。四唑用中性蒸馏水配成浓度为 0.1% ～ 1.0% 的溶液（一般用 0.5%）。

（4）染色

将种胚分组浸入染色溶液里，上浮者要压沉。靛蓝溶液在气温 20% ～ 30% 时需浸 2 ～ 3 小时。四唑溶液在 25 ～ 30℃ 的黑暗或弱光环境中保持 12 ～ 48 小时，染色时间因树种而异，一般树种最少需 3 小时。

（5）观察记录

将经过染色的种子分组放在潮湿的滤纸上，借助手持放大镜或立体放大镜逐粒观察。根据染色的部位、染色面积的大小和染色程度，逐粒判断种子的生活力。通过鉴定，将种子评为有生活力和无生活力两类。

（6）结果计算

测定结果以有生活力种子的百分率表示，分别计算各个重复的百分率，重复间最大容许差距与发芽测定相同。如果各重复中最大值与最小值没有超过容许误差范围，就用各重复的平均数作为该次测定的生活力。

6.1.4　园林植物种实的贮藏

（1）种子超低温贮藏

种子超低温贮藏指利用液态氮为冷源，将种子置于 –196℃ 的超低温下，使其新陈代谢活动处于基本停止状态，不发生异常变异和裂变，从而长期保持种子寿命的贮藏方法。自 20 世纪 70 年代以来，利用超低温冷冻技术保存种子的研究有了较大进展。这种方法设备简单，贮藏容器是液氮罐，贮藏前种子常规干燥即可；贮藏过程中不需要监测活力动态，适合稀有珍贵种子的长期保存。目前，超低温贮藏种子的技术仍在发展中。许多研究发现，榛、李、胡桃等树种的种子，温度在 –40℃ 以下易使种子活力受损，有些种子与液氮接触会发生爆裂现象等。因此，贮藏中包装材料的选择、适宜的种子含水量、适合的降温和解冻速度、解冻后的种子发芽方法等许多关键技术还需进一步完善。

（2）种子超干贮藏

种子超干贮藏也称超低含水量贮藏，是将种子含水量降至 5% 以下，将种子密封后在室温条件下或稍微降温条件下贮存种子的一种方法。以往的理论认为：若种子含水量在 5%～7%，种子中的大分子失去水膜保护，易受自由基等毒物的侵袭，同时，低水分不利于产生新的阻氧化的生育酚。自 20 世纪 80 年代以来，对许多作物种子试验研究表明：种子超干含水量的临界值可降到 5% 以下。种子超干贮藏的技术关键是如何获得超低含水量的种子。一般干燥条件难以使种子含水量降到 5% 以下，若采取高温烘干，容易降低甚至丧失种子活力。目前主要应用冰冻真空干燥、鼓风硅胶干燥、干燥剂室温干燥等方法。此外，经超干贮藏的种子在萌发前必须采取有效措施，防止种子直接浸水引起的吸胀损伤。目前来看，脂肪类种子有较强的耐干性，可进行超干贮藏，而淀粉类和蛋白类种子超干贮藏的适宜性还有待深入研究。

（3）种子引发

种子引发是控制种子缓慢吸收水分，使其停留在吸胀的阶段让种子进行预发芽的生理生化代谢和修复，促进细胞膜、细胞器、DNA 的修复和活化处于准备发芽的代谢状态，但防止胚根的伸出。经引发的种子活力增强、抗逆性增强、出苗整齐、成苗率高。目前常用的种子引发方法有渗调引发、滚筒引发、固体基质引发和生物引发等。

（4）种子包装与运输

种子的运输实质上是在一个特定的环境条件下的短期贮藏，因此运输时要对种子进行妥善包装，防止种实过湿、曝晒、受热发霉或受机械损伤等。运输应尽量缩短时间，运输过程中要经常检查，运到目的地要及时将种子贮藏在适宜的环境条件下。

如果包装和运输不当，则运输过程中很容易导致种子品质降低，甚至使种子丧失活力。因此，种子在运输之前，要根据种实类型进行适当干燥，或保持适宜的湿度。种子运输之前，包装要安全可靠，并进行编号，填写种子登记卡，写明树种的名称和种子各项品质指标、采集地点和时间、每包重量、发运单位和时间等。将卡片装入包装袋内备查，大批运输必须指派专人押运，到达目的地后立即检查，发现问题及时处理。

对于一般含水量低且进行干藏的种实，如云杉、红松、落叶松、樟子松、马尾松、杉木、桉、椴、白蜡和刺槐等种子，可直接用麻袋或布袋装运。包装不宜太紧太满，以减少对种子的挤压，同时也便于搬运。对于樟、楠、檫、七叶树、枇杷等含水量较高，且容易失水而影响活力的种子，可先用塑料或油纸将其包好，再放入箩筐中运输。对于栎类等需要保湿运输的种子，可把湿苔藓、湿锯末和泥炭等放入容器中保湿。对于杨树等极易丧失发芽力的种子，需要密封贮藏，在运输过程中可用塑料袋、瓶和筒等器具，使种子保持密封条件。有些树种，如樟、玉兰和银杏的种子，虽然能耐短时间干运，但到达目的地后，要立即用湿沙埋藏。

种子在运输过程中要注意对其覆盖，防止雨淋、曝晒和受冻害，并附种子登记证，以防种子混杂。运输到达目的地后应立即对种子检查，并根据情况及时对种子摊晾、贮藏或播种。

6.1.5 种子的品种检验

种子是苗木培育中最基本的生产资料，其品质优劣直接影响苗木的产量和质量。因此，在种子采收、贮藏、调运、贸易和播种前进行品质检验，选用优良种子，淘汰劣质种子，是确保播种用种子具有优良品质的重要环节。通过种子品质检验可确定种子的使用价值，便于制定针对性的育苗措施；可以防止伪劣种子播种，避免造成生产上的损失；通过严格检验，加强种子检疫，可以防止病虫害蔓延；通过检验对种子品质做出正确评价，有利于按质论价，促进种子品质的提高。

园林植物种子的品质检验是应用科学、先进和标准的方法对种子样品的质量（品质）进行正确的分析测定，判断其质量的优劣，评定其种用价值的一门科学技术。种子品质是种子不同特性的综合体现，通常包括遗传品质和播种品质两个方面。遗传品质是种子固有的品质，指保持母树原来的速生、丰产优质等的品质。种子品质检验主要是检验种子的播种品质，包括种子净度、种子发芽能力、种子重量、种子含水量、种子发芽势、种子生活力、种子优良度、种子病虫害感染程度等。

（1）抽样

抽样是抽取具有代表性、数量能满足检验需要的样品。由于种子品质是对抽取的样品经过检验分析确定的，因此抽样正确与否十分关键。如果抽取的样品没有充分的代表性，无论检验工作如何细致、准确，其结果也不能说明整批种子的品质。为使种子检验获得正确结果并具有重演性，必须从受检的一批种子（或种批）中随机提取具有代表性的初次样品、混合样品和送检样品，尽最大努力保证送检样品能准确地代表该批种子的组成成分。

（2）种批概念

种批是指来源和采集期相同、贮藏方法相同、质量基本一致，并在规定数量之内的同一树种的种子。不同树种种批最大重量为特大粒种子，如核桃、板栗、麻栎、油桐等为10t；大粒种子，如油茶、山杏、苦棟等为5t；中粒种子，如红松、华山松、樟树、沙枣等为3.5t；小粒种子，如油松、落叶松、杉木、刺槐等为1t；特小粒种子，如桉、桑、泡桐、木麻黄等为250kg。初次样品是从种批的一个抽样点上取出的少量样品。混合样品是从一个种批中抽取的全部大体等量的初次样品合并混合而成的样品。送检样品是送交检验机构的样品，可以是整个混合样品，也可以是从中随机取得的一部分。测定样品是从送检样品中分取，供某项品质测定用的样品。

（3）抽样步骤

1）用扦样器或徒手从一个种批取出若干初次样品。

2）将全部初次样品混合组成混合样品。

3）从混合样品中按照随机抽样法或"十"字区分法等取送检样品，送到种子检验室。

4）在种子检验室，按照"十"字区分法等从送检样品中取测定样品，进行各个项目的测定。

（4）送检样品的重量

送检样品的重量至少应为净度测定样品的2～3倍，大粒种子重量至少应为1kg，特大粒种子至少要有500粒，净度测定样品一般至少含250粒纯净种子。种子净度是指纯净种子的重量占测定样品中总重量的百分数。净度分析是测定供检验样品中纯净种子、其他植物种子和夹杂物的重量百分率，据此推断种批的组成，了解该种批的利用价值，测定方法和步骤为：

1）试样分取：用分样板、分样器或采用四分法分取试样。

2）称量测定样品。

3）分析测定样品：将测定样品摊在玻璃板上，把纯净种子、废种子和夹杂物分开。

纯净种子是指完整的、没有受伤害的、发育正常的种子；发育不完全的种子和难以识别的空粒；虽已破口或发芽，但仍具发芽能力的种子；带翅的种子中，凡加工时种翅容易脱落的，其纯净种子是指除去种翅的种子；凡加工时种翅不易脱落的，其纯净种子包括留在种子上的种翅。壳斗科的纯净种子是否包括壳斗取决于各个树种的具体情况。壳斗容易脱落的不包括壳斗，难于脱落的包括壳斗。复粒种子中至少含有一粒种子也可计为纯净种子。

废种子是指能被明显识别的空粒、腐坏粒、已萌芽但显然丧失发芽能力的种子，严重损伤（超过种子原大小一半）的种子和无种皮的裸粒种子。

夹杂物是指不属于被检验的其他植物种子；叶片、鳞片、苞片、果皮、种翅、壳斗、种子碎片、土块和其他杂质；昆虫的卵块、成虫、幼虫和蛹。

4）把组成测定样品的各个部分称重。

5）计算净度。

种子净度的计算公式：

$$种子净度 = （种子总重量 - 杂质重量）\div 种子总重量 \times 100\%$$

净度是种子品质的主要指标之一，是计算播种量的必要条件。净度高，品质好，使用价值高；净度低表明种子中夹杂物多，不宜贮藏。

（5）重量测定

种子重量主要指千粒重，通常指 1000 粒种子的重量，以克为单位。千粒重能够反映种粒的大小和饱满程度，重量越大，说明种粒越大、越饱满，内部含有的营养物质越多，发芽迅速整齐，出苗率高，幼苗健壮。种子千粒重测定有百粒法、千粒法和全量法。

1）百粒法：通过手工或数种器材从待测样品中随机抽取 8 组种子，每组有 100 粒种子，分别称重。根据 8 组的称重读数，算出 100 粒种子的平均重量，再换算成 1000 粒种子的重量。

2）千粒法：适用于种粒大小、轻重极不均匀的种子。

3）全量法：珍贵树种，种子数量少，可将全部种子称重，换算千粒重。目前，电子自动种子数粒仪是种子数粒的有效工具，可用于千粒重测定。

（6）含水量测定

种子含水量是种子中所含水分的重量与种子重量的百分比。通常将种子置入烘箱用 105℃烘烤 8 小时后，测定种子前后重量之差来计算含水量。

种子含水量的计算公式：

种子含水量（%）＝

（测定样品烘干前重量 - 测定样品烘干后重量）÷ 测定样品烘干前重量 ×100%

测定种子含水量时，桦、桉、侧柏、马尾松、杉木等细小粒种子以及榆树等薄皮种子，可以原样干燥；红松、华山松、槭树和白蜡等厚皮种子，以及核桃、板栗等大粒种子，应将种子切开或弄碎，然后再进行烘干。

（7）发芽能力测定

种子发芽能力是播种质量最重要的指标，其测定的目的是测定种子批的最大发芽潜力，评价种子批的质量。种子发芽力是指种子在适宜条件下发芽并长成植株的能力，用发芽势和发芽率表示。

发芽势是种子发芽初期（规定日期内）正常发芽种子数占供试种子数的百分率。发芽势高，表示种子活力强；发芽整齐，生产潜力大。

发芽率也称试验室发芽率，是指在发芽试验终期（规定日期内）正常发芽种子数占供试种子数的百分率。种子发芽率高，表示有生活力的种子多，播种后出苗多。

（8）发芽试验设备和用品

种子发芽试验中常用的设备有电热恒温发芽箱、变温发芽箱、光照发芽箱、人工气候箱、发芽室，以及活动数种板和真空数种器等。发芽床应具备保水性好、通气性好、无毒、无病菌等特性，且有一定强度。常用的发芽床材料有纱布、滤纸、脱脂棉、细沙和蛭石等。

（9）发芽试验方法

1）器具和种子灭菌

为了预防真菌感染，发芽试验前要对准备使用的器具灭菌。发芽箱可在试验前用甲醛喷射后密封 2～3 天，然后再使用。种子可用过氧化氢（35%，1 小时）、甲醛（0.15%，20 分钟）等进行灭菌。

2）发芽促进处理

种子置床前通过低温预处理或用 GA 处理，可破除休眠。对种皮致密，透水性差的树种如皂荚、台湾相思、刺槐等，可用 45℃的温水浸种 24 小时，或用开水短时间烫种（2 分钟），促进发芽。

3）种子置床

将种子均匀放置在发芽床上，使种子与水良好接触。每粒之间要留有足够的间距，防止种子受真菌感染，同时也为发芽苗提供足够的生长空间。

4）贴标签

种子放置完后，必须在发芽皿或其他发芽容器上贴上标签。注明树种名称、测定样品号、置床日期、重复次数等，并将有关项目登记在种子发芽试验记录表上。

5）发芽试验管理

① 水分。发芽床要始终保持湿润，切忌断水，但不能使种子四周出现水膜。

② 温度。调节适宜的种子发芽温度，多数树种以 25℃为宜。榆和栎类为 20℃；白皮松，落叶松和华山松为 20～25℃；火炬松、银杏、乌桕、核桃、刺槐、杨和泡桐为 20～30℃；桑、喜树和臭椿为 30℃，变温有利于种子发芽。

③ 光照。多数种子可在光照或黑暗条件下发芽。对大多数种子最好加光培养，目的是光照可抑制真菌繁殖，同时有利于正常幼苗鉴定，区分黄化和白化等不正常苗。

④ 通气。用发芽皿发芽时要常开盖，以利通气，保证种子发芽所需的氧气。

⑤ 处理发霉现象。发现轻微发霉的种子，应及时将其取出，洗涤去霉。发霉种子超过总数的 5% 时，应调换发芽床。

6）持续时间和观察记录

种子放置发芽的当天，为发芽试验的第一天，各树种发芽试验需要持续的时间不一样。

鉴定正常发芽粒、异状发芽粒和腐坏粒并计数。正常幼苗为长出正常幼根的幼苗，大、中粒种子，其幼根长度大于种粒长度的1/2；小粒种子幼根长度大于种粒长度。异状发芽粒为胚根形态不正常、畸形、残缺等；胚根不是从珠孔伸出，而是出自其他部位；胚根呈负向地性、子叶先出等。腐坏粒是内含物腐烂的种子；但发霉粒种子不能算作腐坏粒。

7）计算发芽试验结果

发芽试验到规定结束的时期时，记录未发芽粒数，统计正常发芽粒数，计算发芽势和发芽率，试验结果以粒数的百分数表示。

种子发芽率的计算公式：
$$种子发芽率=发芽种粒数÷供试种粒数×100\%$$

种子发芽势的计算公式：
$$种子发芽势=发芽势天数内的正常发芽粒数÷供试种粒数×100\%$$

（10）生活力测定

种子生活力是指种子发芽的潜力或种胚所具有的生命力，测定种子生活力可快速地估计种子样品，尤其是休眠种子的发芽潜能。有些树种的种子休眠期很长，需要在短时间内确定种子品质时，必须用快速的方法测定生活力。有时，由于缺乏设备，或者经常急需了解种子发芽力而时间很紧迫，不可能采用正规的发芽试验来测定发芽力，但必须通过测定生活力来预测种子发芽能力。种子生活力常用具有生命力的种子数占试验样品种子总数的百分率表示。测定种子生活力使用浓度为0.1%～1.0%的四唑水溶液（常用0.5%的水溶液）。可将药剂直接加入pH值为6.5～7的蒸馏水进行配制。如果蒸馏水不能使溶液的pH值保持6.5～7，则可将四唑药剂加入缓冲液中配制。溶液浓度高，反应快，但药剂消耗量大。四唑染色测定种子生活力的主要步骤为：

1）预处理

将种子浸入20～30℃水中，使其吸水膨胀，目的是促使种子充分快速吸水、软化种皮，方便样品准备，同时，促进组织酶系统活化，提高染色效应。浸种时间因树种而异，小粒的、种皮薄的种子要浸泡2天，大粒的、种皮厚的种子要浸泡3～5天，注意每天要换水。

2）取胚

浸种后切开种皮和胚乳，取出种胚，也可连胚乳一起染色。取胚时，记录空粒、腐烂粒、感染病虫害粒及其他显然没有生活力的种粒。

3）染色

将胚放入小烧杯或发芽皿中，加入四唑溶液，以淹没种胚为宜，然后置黑暗处或弱光处进行染色反应。因为光线可能使四唑盐类还原而降低其浓度，影响染色效果。染色的温度保持在20～30℃，以30℃最适宜，染色时间至少3小时。温度一般在20～45℃，温度每增加5℃，其染色时间可减少一半。如某树种的种胚，在25℃的温度条件下适宜染色时间是6小时，移到30℃条件下只需染色3小时，35℃下只需1.5小时。

4）鉴定染色结果

染色完毕，取出种胚，用清水冲洗，置于白色湿润滤纸上，逐粒观察胚（和胚乳）的染色情况并记录。鉴定染色结果时，因树种不同而判断标准有所差别，但主要依据染色面积的大小和染色部位进行判断。如果子叶有小面积未被染色，胚轴仅有小粒状或短纵线未被染色，均应认为有活力。因为子叶的小面积伤亡，不会影响整个胚的发芽生长；胚轴小粒状或短纵线伤亡，不会对水分和养分的输导形成大的影响。但是，胚根未被染色、胚芽未被染色、胚轴环状未被染色、子叶基部靠近胚芽处未被染色，应视为无生活力。

5）计算种子生活力

根据鉴定记录结果，统计有生活力和无生活力的种胚数，计算种子生活力。

种子生活力的计算公式：

$$种子生活力 = 具有活力的种子数 \div 供试种子数 \times 100\%$$

6）优良度测定

优良度是指优良种子占供试种子的百分数。优良种子是通过人为直观观察判断的，这是最简易的种子品质鉴定方法。采购种子，急需在现场确定种子品质时，可依据种子硬度、种皮颜色和光泽、胚和胚乳的色泽、状态、气味等进行评定。优良度测定适用于种粒较大的银杏、栎类、油茶、樟树和檫树的种子品质鉴定。

（11）种子健康状况测定

主要是测定种子是否携带真菌、细菌、病毒等各种病原菌，以及是否带有线虫和害虫等，主要目的是防止种子携带的危险性病虫害的传播和蔓延。

种子质量检验结果及质量检验管理。完成种子质量的各项测定工作后，要填写种子质量检验结果单。完整的结果单包括签发站名称、抽样和封缄单位名称、种子批的正式登记号和印章、来样数量、代表数量、抽样日期、检验收到样品的日期、样品编号、检验项目、检验日期。

评价树木种子质量时主要依据种子净度分析、发芽试验、生活力测定、含水量测定和优良度测定结果。

《中华人民共和国种子法》规定：国务院农业、林业行政主管部门分别主管全国农作物种子和林木种子工作；县级以上地方人民政府农业、林业行政主管部门分别主管本行政区域内的农作物种子和林木种子工作。

种子的生产、加工、包装、检验、贮藏等质量管理办法和行业标准，由国务院农业、林业行政主管部门制定。承担种子质量检验的机构应当具备相应的检测条件和能力，并经省级以上人民政府有关主管部门考核合格。

处理种子质量争议，以省级以上种子质量检验机构出具的检验结果为准。种子质量检验机构应当配备种子检验员。

6.2 播种育苗技术

6.2.1 苗圃准备

（1）选地

育苗地的选择是降低育苗成本和育苗成功的关键，为了满足种子出土的要求，选择苗圃地必须从环境考虑，以地势高，避风向阳，排灌方便，土壤肥沃、疏松、深厚的砂质壤土为好。

（2）播种

播种时间以春节为好，地温回升 10℃以上进行，每亩播种 1 ～ 1.5kg。播种前先用水将苗床的土壤浇透，然后在苗床的表面均匀撒播种子，再覆细土 0.5cm。干旱地区苗床需盖草，保持土壤湿润，待绝大部分种子发芽出土后，揭去稻草。

6.2.2　苗期管理

（1）间苗

由于同林植物的幼苗分化早，个体间的差异大，苗圃地苗木株数过多，会影响苗木的根系生长，引起对地下养分的争抢，不利于苗木生长，因此要及时间苗。苗木的亩产量控制在 2 万株左右，以保证苗木质量（苗高约 50cm），第一次间苗在幼苗高 1 ～ 2cm 时进行，间去病弱苗，大田育苗每亩保留 2.5 万株。第二次间苗在幼苗高约 5cm 时进行，每亩保留 2 万株。

（2）浇水

种子在播后至出苗前这段时间，由于颗粒小，如要浇水必须用喷头喷雾，苗床的土壤表面必须随时保持湿润，喷雾只能根据土壤表面的湿度来进行，以此保证出苗整齐度和提高出苗率。幼苗出土后，将水放入大田进行浸灌，每天 8：00 ～ 9：00 或17：00 ～ 18：00 浇水 1 次，晴天稍多些。雨天或阴天少浇或不浇，浇水要适度，以浇透土壤为度。

6.2.3　苗床播种

（1）目的与意义

先进行苗床播种，之后再进行分苗移栽，最后定植，播种是培育壮苗的关键环节。

（2）任务与要求

在教师的指导下，每个实践小组分别散播、条播一个至少 2.2m 的苗床，要求播种均匀，浇水均匀，出苗率高，出苗整齐度高，基本无戴帽出土现象。

（3）材料与用具

有经过浸种催芽的林木种子，筛子、钉耙、开沟器和铁锨等农具。

（4）内容与步骤

撒播在整好的畦面上，先浇足底水，待水完全下渗后，用细筛筛上一层细土。

均匀撒播种子、覆土，然后覆盖塑料薄膜进行保温保湿（冬春季）或遮阳降温（夏秋季）。苗床消毒是提高出苗成苗率、培育壮苗、降低病虫害基数的重要措施之一，农民常用的消毒方法主要有以下几种：

① 高温消毒。在秋季塑料大棚育苗前，及时进行苗床消毒处理是保证育壮苗的关键措施。苗床整好后，铺上薄膜，利用阳光高温烤苗床 2 ～ 3 小时，使苗床温度达到 50℃以上，可杀死土壤中的害虫和病菌，尤以铺黑膜效果最佳。

② 喷洒药水。播种前 12 ～ 15 天，将床土耙平、耙松，对每平方米床土用福尔马林50ml 加水 5kg 稀释均匀喷洒，用塑料薄膜或麻袋覆盖 4 ～ 6 天，再揭开覆盖物，耙松处理过的床土，经 14 天左右药物挥发后方可播种。或在播种前，将每 1000kg 床土用 50% 多菌灵可湿性粉剂 25 ～ 30g 处理，处理时，把多菌灵配成水溶液喷洒在床土上，用塑料薄

膜严密覆盖床上，经 2 ～ 3 天即可杀死床土中的枯萎病菌等多种病原菌。

③ 泼浇药水。用 95% 的敌克松可湿性粉剂加水 10kg，将部分床土泼浇湿润后，即可播种。也可用 95% 的敌克松 200 ～ 400 倍液直接均匀泼洒苗床后播种。

④ 毒土消毒。将苗床土块打碎、打细，均匀摊平，厚度不超过 20cm。将每平方米上用必速灭颗粒剂 60g 充分混合后再摊平，覆膜密封，以防透气，21 天后揭膜播种。或在每平方米床土用 50% 多菌灵粉剂 10g，加拌细土 12 ～ 15kg，做成药土。或在每平方米床土用甲基硫菌灵 10g，加拌细土 12 ～ 15kg，拌匀后做成毒土。或用 40% 的五氯硝基苯 8g，加 40 ～ 50kg 的干细土拌成药土。播种前先将苗床浇透水，待水渗入土壤后，取一小部分药土撒在床面上，将催好芽的林木种子播下，再将剩余的药土撒盖在种子上面，使种子夹在药土中间。药土的总用量以将种子覆盖，见不到露籽为宜。

⑤ 熏蒸灭菌。在每平方米苗床用氯化苦 40g，注入土壤，用薄膜覆盖封闭、消毒，可消灭真菌。去膜放风，散去有毒气体后再播种。老苗床蚯蚓过多时，可提前灌氨水或在沟中撒布具有熏蒸作用的农药。

⑥ 药土杀虫。在苗床填营养土之前，在每平方米苗床使用 2.5% 敌百虫粉剂 5 ～ 8g，再加细土 0.5 ～ 1kg，可杀虫。

6.2.4 容器育苗

（1）浸种

1）温汤浸种

温汤浸种是将林木种子放在 50 ～ 55℃ 的温水中浸泡 15 ～ 20 分钟，水量（体积）为种子体积的 3 ～ 5 倍，并不停地搅拌，期间若水温降到 50℃ 以下，应补充热水使水温维持在 50 ～ 55℃。当水温下降时继续浸种，保证种子充分吸水。

2）药剂浸种

药剂浸种是将种子浸到一定浓度的药液里，以达到杀菌消毒的目的。将种子先用清水浸 2 ～ 4 小时后，再浸于不同的药剂中。用药液处理林木种子时应注意药液用量，以浸过种子 5 ～ 10cm 为宜。浸过种的药液可以继续多次使用，但要不断补充减少的药液。浸种用的药剂必须是溶液或乳浊液，不能使用悬浮液。药液浓度和浸种时间都要严格掌握，否则会影响药效或产生药害。

3）药剂拌种

用药粉拌种时，药粉的质量一般为干种子质量的 0.2% ～ 0.3%。拌种时要求种子和农药必须是干燥的，不然易产生药害。用 50% 克菌丹可湿性粉剂拌种，用药量为种子质量的 0.2%，可防治黄萎病、枯萎病、褐纹病。用 35% 甲霜灵种子处理剂拌种，用药量为种子质量的 0.2%，可防治霜霉病。用 50% 福美双可湿性粉剂拌种，用药量为种子质量的 0.2%，可防治黑腐病和黑粉病。用 75% 百菌清可湿性粉剂拌种，用药量为种子质量的 0.2%，可防治根腐病、猝倒病、黑斑病等。用 70% 代森锰锌可湿性粉剂拌种，用药量为种子质量的 0.2% ～ 0.3%，可防治猝倒病。

4）催芽

将经过浸种的种子冲洗干净，用纱布包好，放入恒温箱进行催芽，催芽温度为 28 ～ 30℃。催芽期间要保持种子湿润，但水分不能太多，不然种子容易腐烂，催芽过程中每天需翻动和洗种，以防种子发臭。

（2）育苗容器

用容器育苗可缩短林木幼苗移栽的缓苗期，提高成活率，也便于对幼苗管理和运输，实现林木秧苗的批量化、商品化生产。

目前林木育苗容器主要有营养钵、穴盘等，可根据林木的种类、成苗大小选择相应规格。营养钵又称育苗钵、营养杯，多为聚乙烯塑料制作。黑色塑料营养钵具有白天吸热，夜晚保温护根、保肥的作用，干旱时节具有保水的作用，有 5cm×5cm、6cm×6cm、8cm×8cm、9cm×9cm、10cm×10cm、15cm×15cm 等不同规格。

6.3 扦插育苗技术

根据扦插的设施和场地主要有普通拱棚扦插育苗、温室工厂化扦插育苗、全光照迷雾扦插育苗等。扦插繁殖是将园艺植物的根、茎、叶的一部分，插入基质中，使之生根发芽成为独立植株的方法。扦插所用的一段营养体是插条（穗）。扦插所得到的苗是扦插苗。扦插是园林植物的主要无性繁殖方法之一，根据插（穗）材料不同，可分为枝（茎）插、根插与芽叶插。

枝插：是利用园艺植物枝（茎）作为插穗培育新植株的繁殖方法之一。其中根据枝梢的不同生长阶段和扦插时间，又可分为硬枝扦插和嫩枝扦插。硬枝扦插是在植物休眠期用完全木质化的 1～2 年生枝条作为插穗的扦插方法之一。嫩枝扦插又可称为绿枝扦插，是在生长期采用半木质化的枝梢作为插穗的扦插方法之一。

根插：是用根作为插穗的扦插方法之一。扦插多为定点穴插，将根直立或斜插埋入土中，根上部与地面基本持平，表面覆 1～3cm 厚的锯末或覆地膜，浇水保湿。对于某些草本植物或根段较细的植物，也可以把根剪成 3～5cm 长，用撒播的方法撒在床面，覆土 1cm 左右，保持土湿润，待产生不定芽后再进行移植。

根插主要用于根上易生不定芽的植物或枝插成活困难的树种。苗圃中营养系矮化砧等，可利用苗木出圃残留下根段进行根插。

芽叶插：芽叶插包括叶芽插和叶插。叶芽插是用易生根的叶柄做插穗的扦插育苗方法。插条仅有 1 芽附 1 片叶，芽下部带有盾形茎部 1 片，或 1 小段茎，插入插床中，仅露芽尖即可，随取随插。叶插是选取叶片或者叶柄为插穗的扦插方法。适用于叶易生根，又能发芽的植物，常用于叶质肥厚多汁的花卉。叶插发根的部位有叶脉、叶缘及叶柄。

常见扦插技术见图 6-3-1。

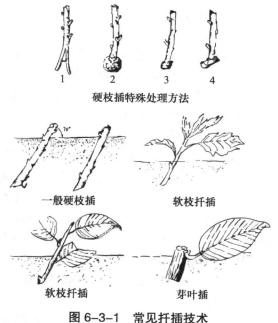

硬枝插特殊处理方法

一般硬枝插　　软枝扦插

软枝扦插　　芽叶插

图 6-3-1　常见扦插技术

1. 加石子插　2. 泥球插　3. 带踵插　4. 锤形插

6.3.1 硬枝扦插技术

硬枝扦插是在植物休眠期用完全木质化的 1～2 年生枝条作为插穗的扦插方法之一。硬枝扦插多用于藤本和木本植物的扦插。

（1）设施选择和准备

硬枝扦插多采用普通拱棚扦插育苗。设施主要有大棚、连栋大棚等；有需要和条件时，可以采用大棚套中棚或小棚，提高床温，使得发根早、发芽齐，成苗率高。插床可以是营养土或基质配制成的扦插苗床，或是穴盘，或是营养钵等。具体可根据育苗目标、插穗类型、生根难易及移栽成活率等选择。一般插穗粗大、来源充足、生根容易、移栽成活率高的可以使用扦插苗床，如是插穗较细小、种质资源少、生根困难、移栽成活率低，可以使用穴盘或营养钵。

（2）扦插基质和插床准备

1）扦插基质的选择和准备

理想的扦插基质应排水、通气良好，能保湿，不带病、虫、杂草及任何有害物质。不同人工混合基质优于土壤，可按不同植物的特性按合适的比例混合配备。基质配比也可参考播种育苗进行。

选择好基质后，在混合的过程中喷洒 0.3% 高锰酸钾液或 800 倍 70% 的甲基托布津液等杀菌剂进行消毒。采用穴盘或容器扦插的，消毒之后装填扦插穴盘或容器，保证每穴孔或容器的基质松紧度相同，装满基质后再整齐摆放到苗床上。

2）插床准备

用于穴盘或容器扦插的插床可以整理成畦宽为 1.5～2.0m、沟宽为 0.3～0.5m、长与大棚长度相宜的苗床。将畦面直接整平，并根据需要布置电热线，在其上直接安置扦插穴盘或容器，也可以在畦面和沟铺设地布、树皮、碎石等材料后，在畦面安置扦插穴盘或容器。

直接扦插的可以整理成畦宽为 1.2～2.0m、沟宽为 0.3～0.5m、长与大棚长相宜的插床。床土可以根据插穗种类、长度等不同，而铺设 10～15cm 配制好的营养土或混合基质。

（3）消毒处理

扦插前对大棚、苗床架、地面及穴盘（或扦插容器）、扦插床进行全面的消毒，可用甲醛熏蒸或采用 0.3% 高锰酸钾溶液消毒。枝条的消毒：将枝条用清水洗过后，在 800 倍液的 70% 甲基托布津溶液中浸泡 1～2 分钟。剪刀也要在剪插穗前用酒精消毒。

（4）插穗选取与贮藏

硬枝扦插插穗是在秋季落叶后至翌年早春树液开始流动之前，选取成熟、生长健壮、芽体饱满、节间短而粗壮，并且无病虫害的 1～2 年生枝条中部段作为插穗。不同树龄、不同部位的枝条扦插成活率不同，应合理选取。多年生植物插穗的生根能力，常随母株年龄的增长而降低。侧枝比主枝易生根，向阳枝条比背阴枝条生根好；硬枝扦插时，取自枝梢基部的枝条生根较好。采集扦插枝条后，一般通过低温湿沙贮藏（类似于种子的层积处理）至扦插，一定要保证休眠芽不萌动。

插穗长度视插穗节间长短和扦插深度而定，一般以 5～15cm 为宜。要保证插穗上有 2～3 个发育充实的芽，有些易生根、长势强健的枝条也可仅保留 1 个芽。剪取插穗时，上剪口应位于芽上1.0cm左右；剪口形状以平面为主；下剪口形状可以是斜面（单斜面或双斜面），也可以是平面，以单斜面为多，单斜面可在基部芽的对面环节处往下斜剪，平面可在距下节部1cm左右处剪取。

（5）扦插

硬枝扦插可以在秋季落叶后或次年萌芽前进行。南方设施育苗多在秋季随剪随扦插，有利于植物早生根发芽。

6.3.2　嫩枝扦插技术

嫩枝扦插是利用半木质化的带叶的枝条进行扦插培育苗木。这种方法适用于一些硬枝扦插难于生根的树种。嫩枝条生命活动力较强，所含生根抑制物质较少，易于植物愈合生根。

（1）采条

1）采条时间一般在夏季，最好选择阴天或无风天的早晨进行，不要在白天的高温时段采条，以免插穗受伤。

2）采条要点

从幼龄母树枝上选择生长健壮的当年生半木质化枝条作为截穗。阔叶树上所采枝条粗度应在0.3～0.8cm，截长为10～15cm（2～4节），针叶树上所采枝条要选择顶梢部分。采条时适当摘除插穗下部的叶子以减少水分蒸腾，对插穗上部保留部分叶子，以保证养分供应。

下剪口应呈斜面或平面，且位于叶或腋芽之下，以利生根。上剪口可剪成平滑平面，截好后立即用湿润材料包裹好，以免在高温下烤干。

（2）扦插

选择夏季的阴天或早晚进行扦插，深度以不倒为准，一般插深为2～5cm，随采、随剪、随插。对于不易生根的插条，为提高成活率，插前可用ABT生根粉处理，对于生根慢的贵重树种，为了提高成活率，可先在温棚内扦插，生根成活后再移到大田里。常见植物扦插见图6-3-2。

图6-3-2　常见植物扦插

（3）抚育管理

1）浇水

嫩枝扦插的初期对抚育管理工作要求很严格，一定要精心，最主要是控制好温度、湿度。对于还没有生根的带叶插条，它需要很大的空气湿度，但是土壤过湿反而对插穗生根不利。在扦插后 3～6 个星期，要每天经常检查土壤是否干燥，若土壤干燥，则马上用喷壶或喷雾器喷水。

2）遮阴

为提高嫩枝扦插的成活率，插后要遮阴，控制一定的温度与光照。插穗开始萎蔫，而土壤却依然很湿时，千万不要浇水，应该马上增加遮阴，或者将它们移到空气潮湿的地方。

6.4 嫁接育苗技术

6.4.1 嫁接时期

接穗品种有真叶 5～7 片，第 3～4 片真叶处茎粗为 0.3～0.4cm；砧木有真叶 6～8 片，第 2～4 片真叶处茎粗为 0.3～0.4 cm 时，为最佳嫁接时期。

6.4.2 嫁接方法

（1）劈接技术

1）采用劈接法进行嫁接。具体操作步骤如下：

用刀片将接穗从第三节上水平切下，上部保留 2 叶 1 心，将断面削成斜面长 0.7～1.0cm 的双面楔形。用刀片将砧木从地面以上 4～7cm 处第 2～4 节中间水平切断。再从切口中央向下垂直切开，深度 0.7～1.2cm。除去砧木基部萌蘖及侧枝，将接穗插入砧木切口，用嫁接夹固定嫁接部位（图 6-4-1）。

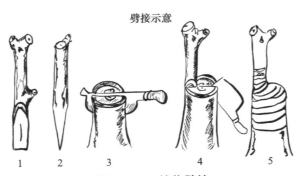

劈接示意

1 2 3 4 5

图 6-4-1　植物劈接

1—接穗削面（正面）　2—接穗削面（侧面）　3—劈砧木　4—接穗与砧木接合装　5—绑扎

2）嫁接时注意事项

勿在阳光直射处嫁接，刀片要干净、锋利。切面平直光滑，无泥土，砧木切口与接穗切面要对齐、对直，勿使接穗削面外露。嫁接前 2～3 天给砧木营养钵充分浇水。操作要干净利落，嫁接苗要立即移入嫁接苗床，并覆盖塑料薄膜保湿。

3）嫁接后管理

愈合期管理：嫁接苗要及早移入嫁接苗床，创造适宜的温、湿及光照条件，促进接口快速愈合。正常情况下经 9～12 天接口便可完全愈合。保温保湿是决定成活率的关键，温度低于 20℃ 或高于 30℃ 均不利于接口愈合。嫁接后要保持高湿，空气湿度要保持在 95% 以上，方法是：嫁接后在小拱棚内充分浇水，盖严小拱棚，4 ~ 7 天内不通风，4 ~ 7 天后逐渐通风，通风量由小到大。如果中午有萎蔫现象，可酌情喷水。嫁接后在小拱棚外加盖报纸或草帘，前 3 ~ 4 天完全遮光，以后逐渐加大见光量，直至撤掉全部遮光物，10 ~ 12 天以后恢复正常管理。

4）愈合后管理

① 摘除砧木萌蘖：接口愈合后要随时摘除砧木萌蘖，保证接穗正常生长。

② 分级管理：由于嫁接时砧木、接穗大小不一致，伤口愈合速度有差别，成活后秧苗生长情况不统一，需要按大小进行分级管理。

③ 去除固定夹：成活后即可去除固定夹，也可在定植时去除。

④ 降温降湿，增强光照。接口愈合后应降低夜温至 12 ~ 15℃，保持 10℃ 以上。空气湿度也应降低到 75% 以下，防止苗期病害发生。尽量保证日照时数及光照强度，以利幼苗的正常生长和发育。

（2）枝接技术

枝接是用植株的枝条接穗嫁接。枝接的方法有多种：劈接、靠接、切接、舌接、袋接、髓心形成层接等。现以切接为例，介绍枝接的基本步骤（图 6-4-2）。

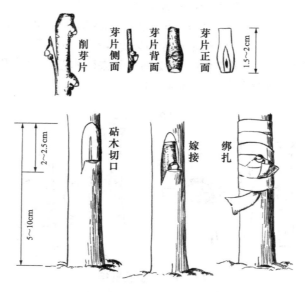

图 6-4-2　枝接的基本步骤技术

1）材料用具

嫁接刀、枝剪、枝条（水蜜桃）、苗木（毛桃）。

2）操作步骤

一般在树木开始萌动尚未发芽之前（多在"惊蛰"到"谷雨"前后）进行。

① 削接穗：在早春（清明节后），选水蜜桃枝一根，削去梢头和基部，用枝剪截成 5 ~ 6cm 长的枝段，然后在枝的下端用枝接刀削成 8cm 长的斜平面，在其反面也斜削成 1cm 长的斜平面。接穗的斜平面均要平整光滑，要一刀削成，这是成活的关键。

② 劈砧木：将毛桃苗木在离地面 5cm 左右处剪断，选择树皮较光滑的一面，如砧木比接穗粗，劈口可选短径处，这样接穗夹得更紧；如砧木较细，要选椭圆根径处，以加大砧木和接穗削面的接面。在直径处用力垂直切下，切口长 3cm 左右，注意不要让泥土落进劈口处。

③ 插接穗：把削好的水蜜桃接穗轻轻地迅速插入砧木切口内，斜面长的一面向内，短的斜面向外，然后利用砧木上稍带木质的皮层包住。插接穗时，要外露 2 ～ 3mm 的斜面在砧木外，这样可使接穗和砧木的形成层接触面大，有利于愈合、成活。

④ 绑扎：左手大拇指和食指捏住接口，右手用塑料袋绑扎。先在切口下部缠绕两圈收紧，然后螺旋状向上缠，绑扎时用力要均匀，切勿移动接穗，以免接穗和砧木的形成层错开。

⑤ 培土：接好的苗木用塑料薄膜盖好切口，以防泥土掉入，影响愈合。把砧木和接穗全部埋没以保温。砧木以下部位用手把土揿实，以利接穗萌芽土。

接法说明：将准备嫁接的两个品种（如桂花和女贞）的植株种在一起，在生长季节（一般在 5 ～ 7 月），将砧木和接穗都用嫁接刀削出 3cm 长的削面，露出形成层，然后将两者斜面紧贴，用塑料袋绑在一起。靠接成活后，把靠接处以上的砧木植株剪去，把靠接处以下的接穗剪去。

（3）芽接技术

用芽接穗的嫁接方法叫芽接，主要方法有 T 字形芽接、嵌芽接（带木质芽接）和方块形芽接。其优点是节省接穗，一个芽就能繁殖成为一个新植株；对砧木粗度要求不高，一年生砧木就能嫁接；技术容易掌握、效果好、成活率高。可以迅速培育出大量萌木；嫁接不成活对砧木影响不大，可立即进行补接。但芽接必须在木本植物的韧皮部与木质部易于剥离时才能嫁接。

1）T 字形芽接

这是目前应用最广的一种嫁接方法，需要在夏季皮层易剥离时进行（图 6-4-3）。

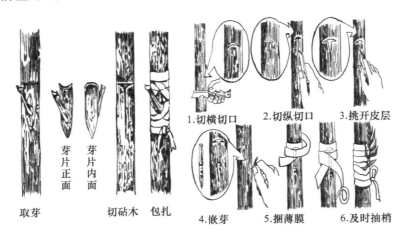

图 6-4-3 T 字形芽接

操作步骤：

① 取接芽：在仅留叶柄的接穗枝条上，选择健壮饱满的芽。在芽上方 1cm 处先横切

一刀，深达木质部；再从芽下 1.5 cm 处，从下往上削，略带木质部，使刀口与横切的刀口相接，削成上宽下窄的盾形芽片。用手横向用力拧，即可将芽片完整取下，如接芽内略带木质部，应用嫁接刀的刀尖将其剔除。

②切砧木：在砧木距离地面 7 ～ 15cm 处或满足生产要求的一定高度处，选择背阴面的光滑部位，去掉 2 ～ 3 片叶。用芽接刀先横切一刀，深达木质部；再从横切面中间靠下垂直纵切一刀，长 1 ～ 1.5cm，深度只把韧皮部切断即可，在砧木上形成一 T 字形切口。切砧木时不要在砧木上划动，以防形成层受到破坏。

③插接穗：用绑扎左手捏芽片叶柄，右手用芽接刀骨柄轻轻地挑开砧木的韧皮部，迅速将接芽插入 T 字形切口内，压住叶柄往下推，接芽全部插入后再往回推至接芽的上部与砧木上的横切对齐。手压接芽叶柄，用塑料条绑紧即可。

2）嵌芽接

嵌芽接即带小质部芽接。此种方法不受树小离皮的限制，接合牢固，利于嫁接苗生长。已在生产上广泛应用。

操作步骤：

取接芽接穗上的芽应自上而下切取。先从芽的上方 1.5 ～ 2cm 处稍带木质部向下斜切一刀。然后在芽的下方 1cm 处横向斜切一刀，取下芽片（图 6-4-4）。

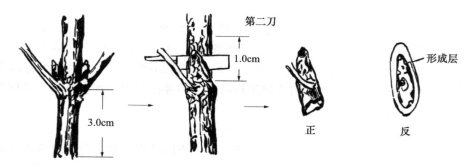

图 6-4-4 接穗上取芽

①切砧木：在砧木选定的高度下，取背阴面光滑处，从上向下稍带木质部削与接芽片大小均相等的切面，再将切面上部的树皮切去，下部留 0.5cm 左右。

②插接穗：将芽片捅入切口使两者形成层对齐，再将留下的切皮部贴到芽片上，用塑料条绑扎即可。

切砧木后插入接芽见图 6-4-5。

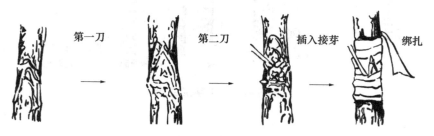

图 6-4-5 切砧木后插入接芽

3）方块形芽接

方块形芽接所取的芽块大，与砧木形成层接触面积大，成活率高。多用于柿树、核桃等嫁接较难成活的植物。但是其操作复杂，工效较低。使用专门的"工"字形芽接刀可提高工效（图6-4-6）。

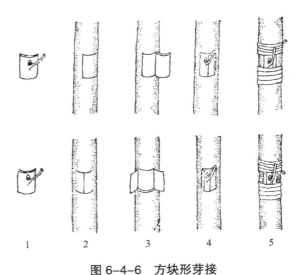

图6-4-6　方块形芽接

1—取接芽；2—切砧板；3—扒开韧皮部；4—嵌入芽片；5—绑扎

操作步骤：

取接芽用"丁"字形芽接刀在饱满芽等距离的部位横切一下，深达木质部；再在芽位两侧各切一刀，深达木质部，将接穗切成一长方形的接芽块。

切砧木在砧木上适当的高度，选一光滑部位，去掉几片叶，用"上"字形芽接刀切横向的两个切口；再在两切口中间或一侧切一仅把韧皮部切断切口。从中间纵切的，砧木韧皮部可以向两侧打开，叫"双开门"；从一侧纵切的，砧木韧皮部只能向一侧打开，叫"单开门"。

插接芽：绑扎用刀尖轻轻将砧木韧皮部的切口挑起，把长方形的接芽嵌入，将砧木韧皮部覆盖在接芽上，用塑料条绑扎紧实。

6.5　分株育苗技术

把不定芽形成的小植株，从母体上分割下来而得到新植株的育苗方法叫分株育苗，也叫分蘖育苗。在分株过程中要注意小植株一定要有较完好的根系，以及1～3个茎干，才有利于幼苗生长。分株时间一般在春、秋两季。春天在发芽前进行，秋天在落叶后进行。由于分株法多用于花木类，因此，应考虑分株对开花的影响。一般夏、秋天开花的在早春萌芽前分株，春天开花的在秋季落叶后分株，这样对母株开花影响不大。分株时先将母株挖起，再用锋利的刀将母株分割成数丛，使每一丛上有2～3个枝干，下面带一部分根系，适当修剪枝、根，然后分栽；如果繁殖量少，可不将母株挖起，只在母株一侧挖出一部分株丛。分株育苗见图6-5-1。

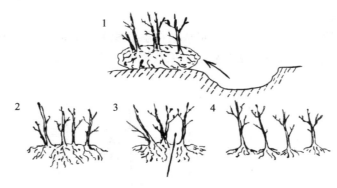

图 6-5-1 分株育苗

1—挖掘；2—崛起分株；3—切割；4—栽植

6.6 压条育苗技术

压条育苗是将未脱离母株的枝条在预定的发根部位进行环剥、刻伤等处理，然后将该部位埋入土中或用湿润物包裹，不久在受伤部位长出新根，剪离母体后即成新的植株。压条育苗成活率高、成苗快、开花早，不需要特殊的养护，但繁殖系数低，成苗量少，北方多在春季或上半年进行，以春季和梅雨季节最为理想。压条育苗有普通压条、波状压条、堆土压条、高空压条 4 种方法。

6.6.1 普通压条法

普通压条法多用于枝条长、软的灌木，小乔木和藤本植物，如迎春、三角花等。将母株下部较长的一、二年生枝条弯曲埋入土中，深度为 15～20cm，入土部分要有刻伤或环状剥皮，枝条的先端露出土面，并用竹竿固定，使其直立生长，生根后与母株分离另行栽植。也可以在母株一侧挖一条纵沟，把靠近地面的枝条的节部分段刻伤，平埋沟内，经一段时间，埋入土内的节部可形成根和芽，发育成一个新的植株，然后用剪枝剪深入土中把各段的节间剪断，经半年以上的培养后，另行栽植。普通压条法见图 6-6-1。

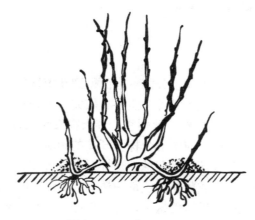

图 6-6-1 普通压条法

6.6.2 波状压条法

波状压条法多用于枝条长、软的蔓性植物。将枝条呈波状弯曲，弯曲处用刀刻伤，埋入土中，20 天左右刻伤部位即可发根，然后从露在外面的节间部分逐段剪断，节间部新根吸收的水分、养分可供腋芽萌发，从而形成许多新植株。波状压条法见图 6-6-2。

图 6-6-2　波状压条法

6.6.3 堆土压条法

堆土压条法又称壅土压条法，常用于基部分枝多、多萌蘖或丛生性强的植物。在休眠期将母株平茬，促进萌发新条，待新枝长到 20 ～ 30cm 时刻伤（容易生根的可以不刻伤），然后在母株基部堆土，把整个植株的下半部埋住，土堆保持湿润。经过一定时间，环割后的伤口处长出新根，到第二年春天刨开土堆，并从新根的下面逐个剪断，分离成新株。堆土压条法见图 6-6-3。

图 6-6-3　堆土压条法

6.7 穴盘育苗技术

穴盘育苗是采用草炭、蛭石、有机废弃物等轻型无土基质材料作为育苗基质，一穴一粒，精量播种。它的突出优点是省种、省工、省力、节能、育苗效率高；秧苗整齐一致，秧苗质量好，定植后缓苗快，成活率高；根坨不易散，适合远距离运输和机械化移栽；有利于规范化科学管理，提高商品苗质量，可以规模化进行优良品种的推广，减少假冒伪劣种子的泛滥危害。穴盘育苗技术要点如下：

（1）育苗设施要求

夏秋育苗可选择塑料大棚或日光温室，覆盖30目以上防虫网，最好覆盖30%～75%遮阳网。冬春育苗宜在日光温室中进行，并配备热风炉、电热线等辅助加温设施。

（2）穴盘选择

根据成苗需求选择穴盘，4～5叶移栽的秧苗可选用128孔穴盘，6～7叶移栽或嫁接砧木宜选用72孔穴盘。

（3）基质准备

要求育苗基质密度小、孔隙度高、养分全面且配比合理、透气、保水、不含病虫源和杂草种子，pH值为5.5～7.5。自行配制时，可按草炭：蛭石＝2：1或草炭：蛭石：废菇料＝1：1：1的比例（容积比）配制。也可选购市售的成品基质。一般50L基质可装填18个穴盘。

（4）基质装填

装填穴盘前1～2天，先给基质喷水（每50L基质喷水2～3kg）、堆闷，使基质充分回潮。基质装填要均匀。

（5）播种

要求种子子粒饱满、发芽整齐，发芽率高于95%。最好使用包衣种子直播，每穴播种1～2粒种子。72孔穴盘播种深度为1.0～1.2cm，128孔穴盘播种深度为0.8～1.0cm。播完一盘后覆盖基质并刮平，全部播完后给穴盘洒水，以穴盘底部有水渗出为度。

（6）苗期管理

1）温度管理

将播种后的穴盘摆放在催芽室中（白天为25～28℃，夜间为20℃）3～4天，当穴盘中60%左右种子种芽伸出时，即可将穴盘摆放进育苗温室，保持昼温25～28℃，夜温16～18℃。当夜温偏低时，可考虑用地热线加温或临时加温，温度高于35℃时可用遮阳网遮阳降温，以免影响出苗速率。齐苗后夜温可降至10～12℃，保证室内温度在8℃以上。

2）光照管理

出苗后及早见光，使之边出苗、边绿化，可有效地控制徒长。苗期要有充足的光照，以保证干物质的积累。夏秋高温强光照季节育苗时，可选用遮阳率为30%～70%的遮阳网覆盖苗床。

3）水分管理及追肥

出苗后降低空气湿度，空气相对湿度保持在75%以下为宜，直至成苗。播种后育苗盘要喷透水，使基质持水量达到20%以上，苗期子叶展开至两叶一心，水分含量为持水量的65%～70%。

（7）定植前炼苗

定植前7～10天开始炼苗，以提高秧苗对定植的适应性，缩短缓苗期。从炼苗期开始逐渐降低温度，当幼苗新叶由嫩绿转为深绿，下部叶片由深绿转为浓绿，即可定植。营养方育苗的要在定植前5～10天裁开营养方，排稀土坨，进行炼苗。整个操作过程应防止散坨，损伤根系。待营养方四周短白根扎出后即可定植。

6.8 其他育苗技术

（1）机械化微钵育苗

由于微钵钵体小，直径为 3.5cm 左右，高为 4.5cm 左右，钵体重量相当于常规营养钵的 1/3，因此营养土用量少、苗床小，可节省备土制钵用工。育苗期缩短后，幼苗两叶一心期即可揭膜炼苗、移栽。微钵育苗苗龄适宜、幼苗质量好、移栽成活率和缓苗期可以达到传统营养钵育苗的水平。

（2）塑料穴盘育苗

这是一项既可让苗圃工作者分散育苗，又可进行工厂化培育种苗的轻型、简化种植方式。由于育苗面积显著减少，节省塑膜的成本投入达 1/3 以上，而且育苗过程和移栽时的劳动强度也显著降低。塑料穴盘见图 6-8-1。

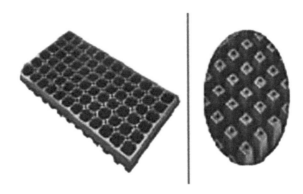

图 6-8-1 塑料穴盘

（3）芦管育苗

该技术在苗生育期、物质积累和器官生长方面有优势，移栽苗扎根深、后发势强、操作简便、有利于育苗工厂化和移栽轻型化，但幼苗移栽后发苗缓慢、成活率较低、生育推迟、晚秋桃比例大，达不到实用化要求。

（4）纸钵育苗

纸钵育苗的优缺点与营养钵育苗相似，只是制钵方式略有不同。纸钵制作时，把特制的制钵器夹片张开，铺上纸，装上营养土制钵。纸钵育苗节约成本，缩短工期，但是有保水性差、移栽时容易散等问题。

6.9 造型苗木培育

用侧枝茂盛、枝条柔软、叶片细小且极耐修剪的植物，采用扭曲、修剪、盘扎等措施，将园林树木培育成预期优美形状的技艺称为造型，经过造型的树木为造型树。

6.9.1 造型苗木的特点

（1）产品创新

以桂花为例，我国历史传统上的桂花树桩盆景，多为半挖移山野桂花大树制成。造型苗木由苗圃培育的二年生丹桂类新品种"堰虹桂"多株小苗编结而成。两者对比，在长势、体型和完成要求的年限时间上，有着明显的差异。

（2）风格别致

桂花造型苗木群体性强、整齐度高、外形朴实大方，与当今园林要求的自然风格十分贴近，也和时下我国消费市场的规格要求非常吻合。

（3）质量上乘

小苗编结造型苗木的成活率、开花率和苗木愈合率，大都接近或达到 100% 的水平，说明这是一种经济、高效、高质量的育苗手段。

（4）节约投资

小苗编结造型苗是劳动密集型很突出的商品苗，投入成本低，完成期限较短，一般 5 年左右即可成苗。

（5）回报丰厚

当前，可以缓解市场对桂花大苗难求的供需矛盾，减少因大树进城，给桂花自然资源造成的无情破坏，可以满足市场需求，并能获取高额利润回报。

6.9.2　树木造型分类

（1）几何造型

将树木修剪成圆球形、伞形、方形、螺旋体、圆锥体等规整的几何形体。用于规则式园林，给人以整齐的感觉。适于这类造型的树木要求枝叶茂密、萌芽力强、耐修剪或易于编扎。

（2）篱垣造型

通过修剪或编扎等手段使列植的树木形成高矮、形状不同的篱垣，置于建筑、草坪、喷泉、雕塑等的周围，起分隔景区或背景的作用。

（3）建筑物造型

建筑物造型主要以园林建筑小品或生活中常用实物为雏形，通过植物镶嵌或修剪整形和部分辅助材料的巧妙组合，构成一个园林绿色小品。

（4）人物造型

人物造型一般取材于一定的文化艺术传说，使景观从欣赏植物的形态美升华到意境美、含意隽永、达到"天人合一"的境界。

（5）动物造型

常用动物造型的雏形一般源于十二生肖、国家重点保护动物"国宝"熊猫、象征吉祥如意的大象、任劳任怨的骆驼以及聪明可爱的海豚等。

（6）桩景造型

桩景造型是应用缩微手法，典型再现古木及动物造型树神韵的园林艺术品。多用于露地园林重要景点或花台，大型树桩盆景即属此类。适于这类造型的树种要求树干低矮、苍劲拙朴。

6.9.3　造型植物选择的条件

（1）主干的选择：有明显的主干或通过修剪能获得明显的主干。

（2）树冠的选择：萌芽力和成枝力强、耐修剪、浓而密、生长速度慢或中等。

（3）树干的选择：要符合造型的要求，在苗圃中培育。

6.9.4　造型植物修剪技术

（1）球形独干树整形修剪

球形独干树造型是通过修剪形成的，桩景造型是将植株定干下部枝条全部剪除。可以进行独干造型的植物要求有较明显的主干，并且植株的枝叶繁茂，耐修剪，能在定干部位形成较多的分枝点，以形成饱满的树冠。有些球形独干树造型可由小乔木修剪形成，在预期的高度处将顶枝截断，把预期树冠下部枝条剪除，初期对树冠的枝条短截，促使其萌发新枝，当达到一定的密实度后即可修剪，再经过多次整形、修剪达到设计的效果。用灌木也可做球形独干树造型，从苗期就开始培养主干，选一通直枝条做主干，每年将从根部发出的枝条剪除，当选定的主干达到预期高度后，再按小乔木的修剪方法进行造型。球形独干树整形修剪技术如下：

1）修剪时要保证球形的均衡，先按要求的冠径沿圆周方向剪出一条水平带（腰线）。

2）从树冠顶部剪出一条中心带（垂线），要保持经圆球形的中心点，上下垂直，冠径∶树高＝1∶3。

3）以这两条带（线）引导修剪树冠的其他部位，要保证弧形圆滑、线条流畅、球体均衡。

（2）几何造型树冠的整形修剪

通过多次修剪，慢慢形成规则的几何形状，简单的几何造型在园林植物造型中最常见，通常有球形、半球形、塔形、锥形、柱形等，一般对乔、灌类植物材料进行简单修剪就可以达到目的。稍复杂的几何造型需要进行前期的轻度修剪，刺激植物生长，使枝叶更加密实，以便达到规则形状，有时为了造型的需要也借助尺子、金属丝等工具。复杂造型的树冠要通过多次修剪或结合绑扎才能形成。修剪时期一般选在春秋季节较为适宜，植物枝杈多叶、枝条密度大、易弯曲。对于粗和弯曲度大的枝干，则要加辅助物件弯曲固定。常见几何造型树冠整形见图6-9-1。

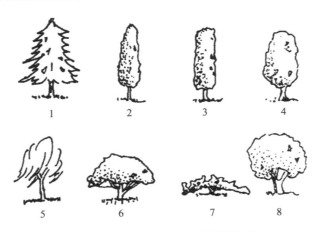

图6-9-1　常见几何造型树冠整形

1—尖塔形；2—圆锥形；3—圆柱形；4—椭圆形；5—垂枝形；6—伞形；7—匍匐形；8—圆球形

（3）散球形造型

组合造型可以是一株树或多株树。在多株植物组合造型时，一般采用群植法，可以是相同的一个树种，也可以是两个不同的树种。两个不同的树种进行组合造型时，要保证它们在生长速度、叶片大小和色彩上相协调，否则就会影响整体效果。在园林绿化中，常常使用低矮的植物进行大型的组合造型。首先将大量的低矮植物密集地栽在一起，然后将它们作为一个整体进行修剪而形成。这种几何造型的效果取决于保持整体效果的水平。其造型技术步骤如下：

1）设计造型

图案根据植物的生长习性以及美学的基本原理，并考虑环境的空间容量与特点进行复合几何体的造型与设计。复合造型设计图案线条要清晰，图案要简洁，要利于造型施工。

2）定点放线

复合几何造型定点放线比较严格，如有偏差就会影响到复合几何造型图案的组合，影响造型的实际效果。要根据造型设计的要求，按照规定的比例，准确定点，准确定线。

3）种植植物

根据造型设计的要求选择植物品种，严格把握苗木的规格与质量。然后根据定点放线的位置准确进行植物种植。

4）修剪整形

植物种植完成后要进行初次修剪造型，修剪强度不宜太大，应以凸显复合几何造型的轮廓为度，以减少对植物的伤害，促进植物生长。待植物生长稳定、枝叶茂盛的时候再进行强度比较大的修剪整形，使复合几何造型图案更丰满、逼真。

（4）植物层状造型

通过对枝条和叶片的整形修剪使之形成层状结构，这种造型在西方园林中应用得早且多，其造型优美独具魅力。一些大叶植物，尽管造型效果较为粗糙，也可以选择。无论什么植物，用于层状造型的植株必须具有强壮、挺直的主干来支撑其层状结构。这种层状结构通常由一系列圆盘组成，从下往上，圆盘的厚度和直径逐渐变小。最简单的层状造型是在较大造型基座之上加上一个由主干支撑的顶层，但是基座紧接地面容易形成秃枝，所以将层状造型抬离地面创造出层状独干造型，不仅免除了树基部的秃枝，还增加了通透的效果，使造型更加轻盈秀美。

1）圆柏层状独干造型技术

植物材料选高 2.5m，冠径 2m，健壮的圆柏 1 株。

造型方法：

① 用 16 号铁丝把事先准备好的竹竿小段（3cm 粗、65cm 长）若干根，以每段中间点为中心，呈放射状均匀固定在距地面 50cm 处的主干上绑扎好，再用 10 号铁丝（或竹劈）将放射状竹竿的每个头连接固定围成 1 个圆圈（直径 65cm），作为第一层的骨架，用 21 号铁丝将骨架周围的枝条搭配均匀绑扎在骨架上，将骨架距地面主干上多余的侧枝剪除。

② 从第一层骨架向上 50cm 处，用同样方法制作出第二层骨架，只是第二层圆圈的直径比第一层小 15cm，依此类推。每层间距相同，每层大小不一样，越向树顶圈越小，层间距也可由造型者随意定。不一定都是 15cm，圆圈大小也可变化，随树冠大小而变。

③ 树的最顶端留 40 ～ 50cm 的树体不动，让树体继续向上生长，如果去掉树的顶端，株高将不变。

④ 各层造型结束后逐渐修剪形成的独干造型，高耸入云的圆柏层状造型，清秀挺拔，在周围诸多圆柏造型中可谓鹤立鸡群。

2）红豆杉层状独干造型技术

植物材料选择一棵生长强壮、顶枝挺直，高约 2m，枝叶繁茂，在庭园中生长 1 年以上的红豆杉。

造型方法：

① 在第一年春，准备第一层和第二层圆盘的整形。将主干上预期第一层圆盘之下侧枝全部剪除，在预期第一层圆盘高度的上方，将枝条截去，让主干露出 25cm。在预期的第一和第二层圆盘之间，将枝条截去，露出主干 20cm。每层之间的距离要大于露出主干的长度，因为每层圆盘的一部分是由其下面的枝叶生长而成的。

② 同时，将涂有柏油的绳子系在主干或下部的枝条上，把向上生长的枝条拉到水平位置。

③ 将一段绳子系在主干上，然后绕植株水平拉直作为半径（第一层为 50cm、第二层为 40cm），并据此对圆盘的外围进行修剪。

④ 在两根柱子之间拉直绳子作为水平引导，对第一层和第二层圆盘的上表面进行修剪，以保证它们的水平性。不要将顶枝砍去，留下顶枝可继续形成第三层圆盘和顶层，第三层圆盘距第二层圆盘 25cm，厚 20cm，直径 70cm；半圆球形的最高层距第三层 20cm，高度 25cm 的红豆杉层状独干造型。具体尺寸可以根据实际情况而变化。做这种层状造型的红豆杉植株，在幼苗时就要做层状结构的初期整形，即每年的夏天对红豆杉进行轻度修剪以刺激圆锥体的形成，使枝叶生长密实。通常要在红豆杉高 2m 左右时才进行圆盘的造型。为了节省时间，可以在植株不到 2m 高时就开始整形。但在进行圆盘造型时，植株必须在原地生长 1 年以上。即便这样，也需要 6 ～ 10 年的时间才能完成整体造型。

造型时为了形成圆盘之间的立体空间，要按各个圆盘之间的间距将树冠上的枝叶全部剪掉，以便露出一截截的树干。不过，形成圆盘的枝叶是由树干下方的侧枝所支撑，在最终确定某一枝条是否需要被砍掉之前，顺着主干观看该枝条的顶端伸展位置是很重要的。为完成水平圆盘的造型，有时需要用涂有柏油的绳子系在树干上或用竹竿铁丝等做成骨架对一些枝条进行牵拉。

通常绳子或骨架的使用期不能超过 1 年，而且要经常检查，如果发现其制约了枝条的生长，就要进行松绑或拆除。修剪的时候，很重要的一点是要保证树干位于圆盘的中心。一个简单的检验方法是将绳子松松地系在树干上，然后在水平面上绕一个圈。可以在适合的半径长度处打一个结作为记号，据此用整枝大剪刀剪出一道痕，再用修枝剪进行相应的修剪。整个植株造型一旦定型，以后只需修剪老枝和纠正旁逸斜出的枝条即可。

设计层状造型时层数不宜过多，应简洁明朗，不烦琐，层与层之间的距离不宜过近，否则会互相遮阴，从而导致生长减弱，圆盘的下部也会因遮阴而导致叶片稀少。对造型植株的选择标准为，树冠的生长不一定要求完全均衡，有裂缝、生长不规则的植株也可以选用，但只要裂缝和不规则处在上部的圆盘之间即可。

还有一种常见的层状造型是指在树干上的一串圆球。其造型的基座通常为一个大的圆球，其上是一连串越来越小的圆球，最顶端的最小，黄杨、红豆杉和冬青就常常被修剪成该造型。在进行圆球造型时，必须选择生长强壮、树干挺直且结实的植株。整形修剪包括将枝条砍去，露出树干，然后进行修剪。球形修剪比圆盘修剪力度更大，以便促进叶球生长得更加密实。对于所有的层状造型而言，除非顶枝的高度超过了预定的高度，否则不能将顶枝截掉，但可以在离最上端球形中心点 5 ～ 10cm 处对顶枝进行截枝。

第7章 苗圃出圃

出圃苗木必须品种纯正，名实相符。园林苗圃的产品，都应是经过嫁接、扦插、营养繁殖生产的园艺品种苗木，不能用它们的籽播实生苗代替园艺品种苗，以次充好；必须保证出圃苗木的规格、质量，严格量化标准。其中，苗木冠幅是苗木规格的重要因素。冠幅小、瘦弱的苗木不符合出圃要求。苗木生长势要健壮，树型完好，枝干匀称，枝叶丰满。凡是树形不好、生长衰弱的苗木不能出圃。完好的根系，是指按规范进行掘苗，根系长度符合要求。凡是根系不合格的，包括土球散裂的苗木不能出圃。出圃苗木要无明显病害，无被检疫的病虫，凡是带有明显病虫及其被害状严重的苗木不能出圃。出圃苗木枝干及树冠，除少数苗木需截干外，应无明显机械损伤，凡是带有明显机械损伤的苗木不能出圃。

7.1 苗木出圃前期的准备工作

（1）出圃苗木统计造册

园林苗圃尤其是中型、大型苗圃生产经营的苗木品种达几十个，有的达一二百个。再加上各树种的不同规格，则出圃苗木的种类项目多达几百个。春季出圃实际才有一个多月时间，苗圃卖苗，大都在田间进行。必须做到对出圃苗木品种、规格、所在位置心中有数。所以，在出圃季节到来之前要进行详细的统计、造表，建立销售台账。

（2）提前做好各项物质准备工作

如准备好出圃的工具、机械、各种掘苗农机具、用于大土球苗的吊车、苗木包装材料、蒲包草绳等。根据出圃苗木数量、规格做好出圃材料计划。

（3）做好备苗待售准备

苗木出圃销售有3种形式：一是苗木随掘随售；二是提前掘苗进行假植，即买即售；一般大苗，尤其是常绿树大苗大都用前者，小苗假植比较容易、成活率能得到保证的用后者；三是容器苗出圃，包括桶苗、钵苗（花盆）、软容器苗，容器苗可不受季节限制，出圃全年都可以进行。春季出圃时地温开始上升，有些原地定植的苗木开始萌芽，萌芽展叶后会严重影响成活率，而提前掘苗、切断根系进行假植，可适当地延长其休眠期，给苗木出圃和绿化栽植争取宝贵时间。采用冷窖或冷库方法假植，如大批量月季苗的出圃最为典型，争取的时间会更长些。一些小型灌木都可采用冷窖假植形式，推迟其萌芽。

7.2 苗木出圃的保湿护根

出圃苗木进行包装是保护根系、控制树冠（常绿树）水分蒸腾、维持断根后苗木水分代谢平衡的必要措施。根系保护措施是根据苗木习性、气候特点、运距长短、假植时间长短决定的。可采取以下不同措施：

（1）露根喷水加苫布

主要用于休眠期掘苗出圃、耐旱性较强的树种，是在短途运输不超过 1 ～ 2 天时采取的措施。敞篷货车运输途中应加盖苫布，防止日晒和风吹造成失水，若使用封闭集装货厢运输则更好，运输途中要对根及枝干喷水补湿。运输露根小花灌木，则注意装车堆积不要过紧，避免发热、烂条。

（2）沾泥浆或保湿剂护根

1）沾泥浆：在植株根部浸蘸湿泥糊，可起到很好的保湿效果，再经过包装，保湿效果更持久。泥浆不能太稀或太稠，泥糊干裂应及时喷水。

2）沾保水剂：保水剂的保水性能比泥糊更强，但造价较高，多用在珍贵苗木。用于沾浆的保水剂颗粒常选用 80 ～ 100 目的细粒。生产上，为降低成本又能达到保湿效果，多采用泥浆和保水剂混用的方法，在泥浆或保水剂外，用塑料膜包装保湿最为稳妥。

（3）卷包保湿

卷包所用传统的包装材料有稻草编织袋、蒲包片、麻袋片，现已被保湿性能更好的聚乙烯塑料布或聚丙烯编织布代替。卷包内应放置持水量较高的保湿材料，以保持包内的湿度。卷包封闭后，可较长时间保湿，但必须控制包内温度，不能发热，避免发生霉烂。卷包分为包根和全包两种方法，一些露根的落叶乔木用包根法；常绿及落叶的小规格苗木，应采用全包法。较大规格的（1.5m 高以上）常绿苗用全包法时，应将根系单独卷包处理后，再全包。

7.3　苗木假植

将苗木起出后，如不能立即运出栽植，必须将苗木暂时集中起来，埋在湿润的土中，这项工作叫假植。假植的目的是保护苗木根系，免于被风吹日晒而干枯、失水、降低苗木成活率。苗木假植分为临时假植和长期假植。

（1）临时假植

凡起苗后或栽植前较短的时间进行的假植，被称为临时假植。临时假植应选背风遮阴处，挖好假植沟，深度依苗木大小确定，一般可在 30 ～ 40cm 沟的一侧倾斜。将苗木放入沟中斜靠在沟坡上，用挖出的湿土埋住苗根和苗干。轻轻抖动苗木，使湿土填入苗根间的空隙，达到苗木根、干与土壤密接不透风的目的。然后踏实，再覆些松土即可。这样苗木便能保持湿润，不致干枯死亡。栽植时，从假植沟的一端扒开填土，即可取出苗木。

（2）长期假植

秋季起苗后，当年不能栽植，要等翌年才能定植，就需要长时间假植越冬，这就是长期假植。长期假植因为假植时间较长，还要度过漫长的冬季，所以要求比临时假植严格得多。其方法是选择遮阴、背风、排水良好、便于管理的地段，挖掘东西向的假植沟，其规格与临时假植沟略同。把待假植的苗木单株或成小捆排在沟内，使苗木梢部朝南，然后用湿土将苗根和苗干下部埋好，抖动苗木，使湿土填充空隙，踏实后再覆些松土。假植时注意要"疏松、深埋、实踩"。如果苗木较干或根部有失水现象，可先将苗根浸水一天，然后再假植。倘若土壤干燥，假植前后可灌水以增加土壤湿度。但是浇水不宜太多，以防苗木烂根。为防冬季风吹、干旱，可用秸秆覆盖假植沟或设风障加以防护。

　　为便于取苗，假植地应每隔一段距离留一步道。如果假植的苗木较多，应在每段假植沟头插牌标明假植的品种、苗龄、数量，定期检查，防止漏风、冻害或霉烂。如果翌春仍不能及时栽植，应采取措施降温，以防苗木发芽。加强育苗、定植建园的计划性，合理安排生产顺序，尽量避免长期假植。

第8章 安全知识

8.1 安全使用农药

所谓农药是指用于防治农、林、牧业及其产品和环境卫生等方面的害虫、螨类、病菌、线虫、杂草、鼠等的化学药剂，以及植物生长调节剂。农药种类繁多，杀虫的叫杀虫剂，防病的叫杀菌剂，防除杂草的叫除草剂。

8.1.1 农药对人、畜的毒性

农药的毒性会通过人畜的皮肤、呼吸道和消化道等部位进入体内，引起中毒。中毒分为急性中毒和慢性中毒。急性中毒是指和农药接触后，短时间内产生中毒症状，如头晕、恶心、呕吐、抽搐痉挛、呼吸困难、大小便失禁、甚至死亡。人员若发生中毒，应立即送医院救治。而慢性中毒是由于长期食入残留于食物中或吸入空气中的微量农药，在体内积累一定量时，引起内脏功能受损，阻碍正常生理代谢过程而发生的毒害。对于慢性毒性，需要测定其致癌、致畸、致突变，以及对后代遗传变异影响、累代繁殖情况等指标。

8.1.2 农药对植物的药害

（1）产生药害的原因

药害的产生，主要是农药的不合理使用，抑制蔬菜生长，导致蔬菜作物异常甚至死亡。

（2）药害的症状

农药对植物的药害可分为急性和慢性。急性药害是指施药后几小时至十几天内表现出形态异常；慢性药害是指施药后，经过较长时间才表现出药害症状。

（3）防止药害产生的措施

种子萌发、幼苗、开花授粉对农药反应敏感，应选用不易发生药害的农药，而且剂量要小。生物农药和植物农药防治病虫，不易产生药害。高温、强光下易出现药害，不宜施药。干旱时应减少用药量，阴天时可适当增加药剂的浓度。有内吸作用或在高温、强光下易分解、挥发的农药品种，如巴丹、杀虫双和辛硫磷等，宜在每天 17 时后施药，或在阴天用药，防止药害发生。

8.1.3 农药分类及使用范围

根据目前农业生产上常用农药的毒性综合评价，分为高毒农药、中等毒农药、低毒农药。高毒农药只要接触极少量就会引起动物或植物中毒或死亡。中低毒农药虽毒性稍低，但接触过多，抢救不及时也会造成动物或植物死亡。规定高毒农药不准用于蔬菜、茶叶、果树、中药材等作物。

8.1.4　农药的购买、运输和保管注意事项

1）农药由使用单位指定专人凭证购买。买农药时必须注意农药的包装，防止破漏。注意农药的有效成分含量、出厂日期、使用说明等，鉴别不清和质量失效的农药不准使用。

2）运输农药时，应先检查包装是否完整，搬运时要轻拿轻放。

3）农药不得与粮食、蔬菜、瓜果、食品、日用品等混载、混放。

4）农药要集中存放在专用仓库、专用柜，由专人保管，门、柜要加锁。

8.1.5　农药使用中的注意事项

1）配药时，配药人员要戴胶皮手套，必须用量具按照规定的剂量称取药液或药粉，不得任意增加用量，严禁用手拌药。

2）拌种要用工具搅拌，用多少，拌多少，拌过药的种子尽量用机具播种。如需用手撒或点种时，必须戴防护手套，以防皮肤吸入中毒。剩余的毒种应被销毁，不准用作口粮或饲料。

3）配药和拌种应选择远离饮用水源、居民点的安全地方，要有专人看管，严防农药、毒种丢失或被人、畜误食。

4）使用手动喷雾器喷药时，应隔行喷施。手动和机动药械均不能左右两边同时喷。大风和中午高温时应停止喷药。药桶内药液不能装得过满，以免晃出桶外，污染施药人员身体。

5）喷药前应仔细检查药械的开关、接头、喷头等处螺栓是否拧紧，药桶有无渗漏，以免漏药污染。喷药过程中如发生堵塞，应先用清水冲洗后再排除故障，绝对禁止用嘴吹（吸）喷头和滤网。

6）施用过高毒农药的地方要竖立标志，在一定时间内禁止放牧、割草、挖野菜，以防人畜中毒。

7）用药工作结束后，要及时将喷雾器清洗干净，连同剩余药剂一起交回仓库保管，不得带回家。清洗药械的污水应选择安全地点妥善处理，不准随地泼洒，防止污染饮用水源和养鱼池塘。盛过农药的包装物品，不准用于盛粮食、油、酒、水等食物和饲料。

8.1.6　施药人员的选择和个人保护

1）施药人员应选择工作认真负责，身体健康的青壮年担任，并经过一定的技术培训。

2）凡体弱多病者，患皮肤病和农药中毒及其他疾病尚未恢复健康者，哺乳期、孕期、经期的妇女及皮肤损未愈者，不得喷药或暂停喷药，喷药时不准小孩到作业地点。

3）施药人员在打药期间不得饮酒抽烟。

4）施药人员在打药时必须戴防毒口罩，穿长袖上衣、长裤和鞋袜。在操作时禁止吸烟、喝水、吃东西，不能用手擦嘴、脸和眼睛，绝对不准互相嬉闹。每日工作之后，喝水、抽烟、吃东西之前要用肥皂彻底清洗手、脸和漱口，有条件时应洗澡，被农药污染的工作服要及时换洗。

5）施药人员每天喷药时间一般不得超过6小时。使用背负式机动药械，要两人轮换

操作，连续施药 3～5 天后应休息 1 天。

6）操作人员如有头痛、头晕、恶心、呕吐等症状时，应立即离开施药现场，脱去被污染的衣服，漱口，用肥皂擦洗手、脸和皮肤等暴露部位，及时去医院治疗。

8.2 安全用电知识

8.2.1 安全用电的基本原则

1）防止电流经由身体的任何部位通过。

2）限制可能流经人体的电流，使之小于电击电流。

3）在故障情况下触及外露可导电部分时，可能引起流经人体的电流等于或大于电击电流时，能在规定时间内自动断开电流。

4）正常工作时的热效应防护，应使所在场所不会发生因地热或电弧引起可燃物燃烧或使人遭受灼烧的危险。

8.2.2 电击防护的基本措施

1）直接接触防护应选用绝缘、屏护、安全距离、限制放电能量 24V 及以下安全特低电压，用漏电保护器作为补充保护或间接接触防护的一种或几种措施。

2）间接接触防护应选用双重绝缘结构、安全特低电压、电气隔离，不接地的局部等电位联结，不导电场所，自动断开电源，电工用个体防护用品或保护接地（与其他防护措施配合使用）的一种或几种措施。

8.3 安全使用农机具知识

（1）安全使用手动工具

使用的各种工具必须是正式厂家生产的合格产品。使用工具的人员，必须熟悉掌握所使用工具的性能、特点、使用、保管、维修及保养方法，使用前必须对工具进行检查。严禁使用腐蚀、变形、松动、有故障、破损等不合格工具。工具在使用中不得进行快速修理。带有牙口、刃口尖锐的工具及转动部分应有防护装置。

（2）安全使用带电工具

使用前应该仔细阅读说明书。有一些工具使用不同的刀片，应挑出正确的刀片，并检查是否安装得当。在空气湿度大或潮湿的环境，不要使用电动园艺工具。如工具的电源插头插在户外插座上，确定插座与室内的断路开关连接在一起，应该使用三相插座。

（3）安全使用露地育苗生产农机具

从事露地育苗生产，应掌握露地育苗生产机械（包括开沟筑畦作业工艺与机具、播种工艺及其机具、地膜覆盖及其机具、喷药机具、施肥机具）等方面的安全使用技术与维修保养方法。

（4）安全使用育苗保护地设施和机械

从事育苗保护地生产和工作的人员必须熟知各种不同保护地设施类型的结构、性质及应用，覆盖不同材料的种类；并了解保护地工厂育苗设备和育苗技术，园艺设施的环境特点和调控技术，保护地微型耕作机、病虫害防治机、节水灌溉机等的性能、特点、使用保管及保养方法等。